U0195623

无居民海岛开发利用管理与实践

于 森 王德刚 等著

海洋出版社

2024年·北京

图书在版编目（CIP）数据

无居民海岛开发利用管理与实践/于森等著. —北京：海洋出版社，2024.11
ISBN 978-7-5210-1202-6

Ⅰ.①无…　Ⅱ.①于…　Ⅲ.①岛-海洋资源-资源开发-案例-中国　Ⅳ.①P74

中国国家版本馆 CIP 数据核字（2023）第 224692 号

责任编辑：高朝君
责任印制：安　森
海洋出版社　出版发行
http：//www.oceanpress.com.cn
北京市海淀区大慧寺路 8 号　邮编：100081
涿州市般润文化传播有限公司印刷　新华书店经销
2024 年 11 月第 1 版　2024 年 11 月北京第 1 次印刷
开本：787mm×1092mm　1/16　印张：13.75
字数：256 千字　定价：158.00 元
发行部：010-62100090　总编室：010-62100034

《无居民海岛开发利用管理与实践》

编写人员名单

编写人员(按姓氏笔画排序)：

于　淼　王德刚　毋瑾超　吕兑安　孙　丽

许超翔　初梦如　范亦婷　徐　晛　莫　微

程　杰　谭勇华

作者单位：自然资源部第二海洋研究所

浙江省海洋科学院

前 言

2010年3月1日，《中华人民共和国海岛保护法》（以下简称《海岛保护法》）的实施标志着我国海岛管理工作正式进入法制化阶段，海岛的保护、开发与管理有了明确的法律依据。根据《海岛保护法》，无居民海岛是指不属于居民户籍管理的住址登记地的海岛。无居民海岛不仅具有重要的生态价值，还拥有丰富的自然资源。随着全球海洋经济的快速发展和海洋强国建设的深入推进，无居民海岛作为海洋资源的重要组成部分，其开发利用价值日益凸显。然而，无居民海岛的独特性也意味着其开发利用需要特别谨慎和科学对待。为了科学、合理、可持续地开发利用无居民海岛，制定正确的政策和加强科学管理显得尤为重要。

《海岛保护法》确立了无居民海岛的有偿使用制度等相关制度。2011年4月12日，我国公布了第一批开发利用无居民海岛名录，无居民海岛开发利用在我国正式拉开序幕。为规范、引导企业和个人合理开发利用海岛，国家海洋行政主管部门出台了包括《无居民海岛开发利用审批办法》（国海发〔2016〕25号）、《关于印发〈调整海域　无居民海岛使用金征收标准〉的通知》（财综〔2018〕15号）、《国家海洋局关于印发无居民海岛开发利用具体方案编写要求的通知》（国海规范〔2017〕4号）、《国家海洋局关于印发无居民海岛开发利用项目论证报告编写要求的通知》（国海规范〔2017〕5号）、《无居民海岛开发利用测量规范》（HY/T 250-2018）等无居民海岛使用管理相关的规范性文件，以进一步规范对无居民海岛的开发利用。

由于无居民海岛的开发利用在我国还处于起步阶段，这一领域涉及的政策专业性较强、学科面广，迫切需要一本理论联系实践，具有一定专业深度的书籍作为参考。作者团队近年主持、参与过数十个国家级和地方级无居民海岛开发利用项目，在该领域积累了一定的知识、经验和研究成果，在此基础上编撰完成《无居民海岛开发利用管理与实践》。本书全面介绍了无居民海岛开发利用政策与实践的各个方面，从无居民海岛的基本概念、特征和分类入手，进而展开对政策历史演变、理论基础等的深入探讨，最后落实到政策的实践案例分析，为读者呈现无居民海岛开发利用政策和实践的完整面貌。

本书的结构安排基于国内外海岛开发利用现状及海岛保护利用趋势，重点聚焦于我国无居民海岛开发利用，从开发利用制度、开发利用要求与流程，阐述了无居民海岛开发利用制度，并从无居民海岛开发利用本底调查、无居民海岛保护和利用规划、无居民海岛开发利用具体方案、无居民海岛开发利用项目论证报告编制、无居民海岛使用权价格评估等方面，详细阐述了开发利用无居民海岛不同阶段的技术要求、方法与内容，最后通过案例完整地阐述了无居民海岛开发利用的具体流程。

全书共分九章，各章节的主要作者分工如下：第一章由王德刚、初梦如完成；第二章由王德刚、孙丽完成；第三章由于淼、孙丽完成；第四章由王德刚、于淼、吕兑安、莫微、程杰完成；第五章由于淼、吕兑安完成；第六章由于淼、毋瑾超完成；第七章由于淼、许超翔完成；第八章由徐晛、范亦婷完成；第九章由于淼、王德刚完成。全书由于淼统稿，谭勇华对全书各章节的编制进行了技术指导。

在本书撰写过程中，我们广泛搜集了相关文献资料，对无居民海岛开发利用的历史、现状和未来发展趋势进行了深入研究，同时进行了大量的实地调研和专家咨询，了解无居民海岛的实际情况和相关政策法规的执行情况。通过本书的出版，我们希望为专家学者和社会大众提供一本既有理论指导又具有实用参考价值的书籍，为推动无居民海岛的科学、合理、可持续开发利用作出贡献。本书的撰写也是一个学习和探索的过程，我们期待与专家学者共同关注和探讨无居民海岛开发利用的未来发展。虽然编写组成员作了不懈努力，但由于自身水平有限，书中错漏之处在所难免，恳请广大读者批评指正。

目录

CONTENTS

第 1 章

海岛的概念及特点

1.1 海岛的概念

海岛的概念，实质上是岛屿与大陆的分类问题。从地理学角度来看，海岛是指海洋中四面环水并在高潮时露出海面自然形成的陆地。上述定义包括了三个内涵，即海岛的地理位置在海洋中，四周有海水围绕；海岛高潮时出露于海面之上；海岛不是人造的，是自然形成的陆地。2000 年国家质量技术监督局发布的国家标准《海洋学术语 海洋地质学》（GB/T 18190—2000）中规定，海岛是“散布于海洋中面积不小于 500 平方米的小块陆地”，该定义存在“以陆地面积 500 平方米作为岛和礁的分界线”的问题。随着《中华人民共和国海岛保护法》（以下简称《海岛保护法》）的实施，2011 年发布并实施的新版国家标准《海洋学综合术语》（GB/T 18190—2017）对海岛的定义进行了修订——海岛是“四面环水，在高潮时高出水面自然形成的陆地区域”。上述定义，从地理学角度完整地阐述了海岛的定义。

从法学角度来看，1994 年生效的《联合国海洋法公约》第一二一条明确规定：“①岛屿是四面环水并在高潮时高于水面的自然形成的陆地区域；②除第 3 款另有规定外，岛屿的领海、毗连区、专属经济区和大陆架应按照本公约适用于其他陆地领土的规定加以确定；③不能维持人类居住或其本身的经济生活的岩礁，不应有专属经济区或大陆架。”岛屿的法律定义，主要反映了岛屿的海洋权益地位，也是长期以来国际法学界“百家争鸣”的结果。1930年海牙国际法编纂会议规定“岛屿是一块永久地高于高潮水位的陆地区域”；1956年国际法委员会的报告中称“岛屿是四面环水并在通常情况下永久地高于高潮水位的陆地区域”；1958年《领海及毗连区公约》第10条第1款规定，“岛屿是四面环水并在高潮时高于水面的自然形成的陆地”；1973年的国际海底委员会会议上，马耳他代表首次提出了用数字把岛屿与岩礁加以区分的建议。《联合国海洋法公约》给岛屿下的定义，是一种折中的方案，综合反映了沿海各国的不同立场。

我国2010年3月施行的《海岛保护法》将海岛定义为“四面环海水并在高潮时高于水面的自然形成的陆地区域”，该法中也给出了无居民海岛的相关定义，即“无居民海岛，是指不属于居民户籍管理的住址登记地的海岛”。《海岛保护法》中海岛的定义与《联合国海洋法公约》是相衔接的，但是其定义并非基于法学，更多的是基于地理学角度。

综上可知，海岛的概念有四个特征：一是海岛顾名思义与内河岛相区别；二是海岛是四面环水，与半岛相区别；三是海岛是自然形成的陆地区域，与人工岛相区别；四是海岛是高潮时高于水面的，与低潮高地相区别。《海岛保护法》对海岛的定义，也是当前我国开展海岛开发、保护和管理工作的重要依据。

1.2 海岛的特征

海岛的特征包括海岛自然属性和社会属性。海岛的自然属性主要体现在独立性、完整性和脆弱性三个方面。海岛四周被海水包围，远离大陆，形成了一个独立的生态环境地域小单元，其独立性主要表现在生态系统的独立性和自然环境的独特性。海岛与其周围海域构成一个既独立又完整的生态环境系统，尤其是面积大的海岛，这种完整性更为明显。海岛具有海域、海陆过渡带和陆域三大地貌单元，生物物种伴随着地貌的不同呈现多样性和分带性特征，可区分为岛陆、岛滩和环岛近岸海域三大子生态系统，从而构成了海岛地貌和生态系统从海到陆的完整性和不可分割的整体性（见图1-1）。海岛陆域一般面积较小，生境条件严酷，单个岛屿的生物物种相对较少，稳定性较差，生态环境十分脆弱，极易遭受破坏，且破坏后很难恢复，因此海岛的自然环境和生态系统都具有脆弱性特点。

海岛的社会属性主要体现在维护海洋权益、保障海上安全、促进海洋经济发展、保护海洋生态环境和海岛保护管理五个方面。1994年生效的《联合国海洋法公约》规定，能够维持人类居住的海岛可以拥有领海、毗连区、大陆架和专属经

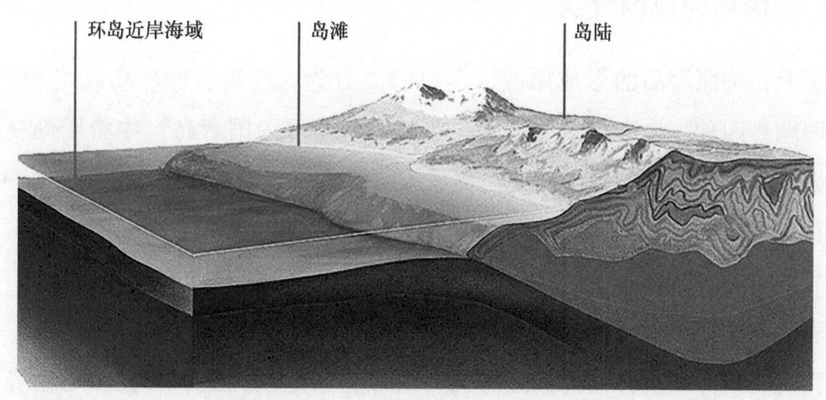

图 1-1　海岛典型生态系统分布示意

济区，不能维持人类居住或其本身的经济生活的岩礁，不应有专属经济区或大陆架，但可以拥有领海和毗连区，因此海岛直接关系到沿海国管辖海域的划分、海洋法律制度和海洋权益的确立。海岛是沿海国家的天然国防屏障，是不沉的“航空母舰”，在我国的东部和南部海洋中，由海岛组成的岛弧或岛链，恰如日夜镇守的海防卫士，构成了我国海上第一道国防屏障。海岛是扩大对外开放的“窗口”，是海洋开发的资源基地，也是建设“海洋第二经济带”和“21 世纪海上丝绸之路”的重要依托，对促进海洋经济发展具有重要作用。海岛集大自然的岩石圈、大气圈、水圈、生物圈于一身，具有特殊、独立和相对完整的生态系统和物种，是海洋生态环境保护的重要组成部分。由于海岛远离大陆、布局分散、交通不便，导致海岛实际管理存在诸多困难，《联合国海洋法公约》《小岛屿发展中国家可持续发展行动纲领》《中国海洋 21 世纪议程》和联合国“海洋科学促进可持续发展十年”倡议等均把海岛问题与海洋问题列在一起，作为海洋管理的一部分予以对待。

1.3　海岛的分类

我国海岛数量多，分布范围广，类型齐全，囊括世界海岛分类的所有类型。根据我国海岛的区位条件、自然环境和自然资源状况，从其形成原因、物质组成、面积大小和有无居民户籍管理的住址登记等方面，对海岛进行了分类，这些分类对于开发利用海岛资源，制定规划和发展海洋经济，都起着重要的作用。

1.3.1 按海岛的成因分类

传统上，按照海岛的形成原因，多将海岛分为大陆岛、冲积岛（堆积岛）、火山岛和珊瑚岛四种，也有学者如杨文鹤在其编著的《中国海岛》中将珊瑚岛和火山岛统称为海洋岛。本书中延续传统海岛成因分类方式，将海岛分为大陆岛、冲积岛、珊瑚岛和火山岛四类。

（1）大陆岛

大陆岛是大陆地块延伸到海底并露出海面而形成的岛屿。它原为大陆的一部分，后因地壳沉降或海面上升而与大陆分离，所以，其地质构造、岩性和地貌等方面与邻近大陆基本相似。我国绝大多数海岛都属这种类型，约占全国海岛总数的95%。从某种意义上说，海岛开发的核心是大陆岛的开发。它在我国海岛的开发利用中占有极其重要的地位和作用。

（2）冲积岛

冲积岛又称“堆积岛”。它在江河入海口处，是由径流携带的泥沙长年累月堆积而成的岛屿。冲积岛地势低平，一般由沙和黏土等碎屑物质组成，其形状和大小亦多变化，形成和消亡过程比较迅速。冲积岛的土质肥沃，可以开辟为良田，也可以发展海岛旅游业、海水养殖业和工业，崇明岛是我国最大的冲积岛。

（3）火山岛

火山岛是海底火山喷发出的岩浆物质堆积并露出海面形成的岛屿。它一般面积不大，坡度较陡。我国的火山岛数量较少，主要分布于台湾海域，典型的火山岛有钓鱼岛及其附属岛屿、澎湖列岛等。而且这些岛屿的附近海域蕴藏着丰富的海洋油气资源。

（4）珊瑚岛

珊瑚岛是由海洋中造礁珊瑚的钙质遗骸和石灰藻类生物遗骸堆积形成的岛屿，它的基底往往是海底火山或岩石。由于珊瑚虫的生长、发育需要温暖的海水，因此珊瑚岛只分布在南北纬30°之间的热带和亚热带海域。我国的珊瑚岛主要分布在海南、台湾和广东三省。南海的西沙群岛、南沙群岛、中沙群岛、东沙群岛等都是在海底火山上发育而成的珊瑚岛。

1.3.2 按海岛的物质组成分类

按海岛的物质组成可分为基岩岛、沙泥岛和珊瑚岛三大类。

(1) 基岩岛

基岩岛是由固结的沉积岩、变质岩和火山岩组成的岛屿。我国基岩岛屿约占全国海岛总数的96%。基岩岛由于港湾交错，深水岸线长，是建设港口和发展海洋运输业的理想场所，也是发展渔业和旅游业的好地方。

(2) 沙泥岛

沙泥岛是由沙、粉砂和黏土等碎屑物质经过长期堆积作用形成的岛屿。这类海岛一般分布在河口区，地势平坦，岛屿面积一般较小，但有的沙泥岛面积也很大，如崇明岛，面积达1269 km^2。我国沙泥岛数量较少，仅300多个，约占全国海岛总数的3%。

(3) 珊瑚岛

珊瑚岛的形成和分布如前所述。我国珊瑚岛有100多个，仅占全国海岛总数的1%左右。

1.3.3 按海岛的面积大小分类

我国的海岛按面积大小可分为特大岛、大岛、中岛、小岛和微型岛五类。

(1) 特大岛

特大岛是指岛屿面积大于2500 km^2的海岛。这类海岛我国仅有两个，分别是台湾岛和海南岛。

(2) 大岛

大岛的面积在100~2500 km^2，我国这类海岛共有17个，多为县级人民政府驻地所在有居民海岛，其中广东省5个，福建省4个，浙江省3个，上海市1个，辽宁省1个，香港特别行政区3个。

(3) 中岛

中岛的面积在5~100 km^2，我国共有133个，其中浙江省最多，有41个，广东省25个，福建省20个，辽宁省10个，台湾省8个，山东省7个，广西壮族自治区6个，江苏省4个，上海市3个，河北省2个，海南省2个，香港特别行政区3个，澳门特别行政区2个。它们绝大多数是有居民海岛，在全国海岛开发利用中具有重要的作用。

(4) 小岛

小岛的面积在500 m^2 ~ 5 km^2，我国这类海岛最多，约占全国海岛总数的61.5%，其中浙江省居第一位，其次是福建省和广东省。这类海岛绝大多数都是无居民海岛，岛上淡水资源缺乏，开发条件相对较差。

(5) 微型岛

微型岛的面积在500 m^2以下，这类海岛约占全国海岛总数的36.4%，均为无居民海岛。海岛上大多无植被分布，基本不具备开发价值。但有些海岛是我国的领海基点，在确定内海、领海和海域划界方面有重要作用；有些海岛则是重要物种的海洋自然保护区，对于维持海洋生态系统具有重要的作用。

1.3.4 按海岛有无居民分类

根据海岛社会属性，即是否属于居民户籍管理的住址登记地，可将海岛分为有居民海岛和无居民海岛。

2010年3月施行的《海岛保护法》，明确了我国海岛包括有居民海岛和无居民海岛，并给出了无居民海岛的定义——“不属于居民户籍管理的住址登记地的海岛”。参考无居民海岛的定义，有居民海岛即属于居民户籍管理的住址登记地的海岛。根据有居民海岛地方行政区划的不同，本书进一步将有居民海岛区分为省级岛，主要包括海南岛和台湾岛；市级岛，主要包括厦门岛、舟山岛和永兴岛；县级岛，主要包括岱山岛、南澳岛等；乡级岛以及村级岛（行政村或自然村驻地海岛）。

1.4 海岛分布特征

我国的海岛位于亚欧大陆以东，太平洋西部边缘。自北向南为我国的辽宁、河北、天津、山东、江苏、上海、浙江、福建、台湾、广东、香港、澳门、广西和海南等省（自治区、直辖市和特别行政区），东部与朝鲜半岛、日本为邻，南部周边为越南、马来西亚、文莱、印度尼西亚和菲律宾等国家所环绕。我国最北端的海岛是辽宁省的小笔架山，最南端的岛群是海南省的南沙群岛，最东端的岛屿是台湾省钓鱼岛及其附属岛屿。

我国海岛分布不均，若以海区分布的海岛数而论，东海最多，分布有7000多个海岛，约占海岛总数的58.8%；南海次之，分布有3500多个海岛，约占29.8%；黄海居第三位，渤海中岛屿最少。若以各省（区、市）海岛分布的数量而论，第一位是浙江省，岛屿数约占全国海岛数的36.6%；其次是福建省，约占19.9%；往下依次是广东省、海南省、广西壮族自治区、辽宁省、山东省、台湾省、香港特别行政区、上海市、江苏省、河北省、澳门特别行政区和天津市。

除了上述分布特征，我国海岛还有以下4个特征：一是大部分海岛分布在沿岸海域，距离大陆小于 10 km 的海岛约占我国海岛总数的 58%。二是基岩岛的数量最多，占全国海岛总数的 96%左右；沙泥岛（冲积岛）占 3%左右，主要分布在渤海和长江口、滦河口等河口处；珊瑚岛数量很少，仅占 1%，主要分布在台湾海峡以南海区。三是岛屿呈明显的链状或群状分布，大多数以列岛或群岛的形式出现。四是面积小于 5 km^2的海岛数量最多，约占我国海岛总数的 98%。

第 2 章

国内外海岛开发利用现状

2.1 世界海岛开发保护现状与主要特点

2.1.1 开发保护现状

(1) 建立海岛开发保护法律法规体系

为促进海岛开发与保护的规范有序发展，世界主要沿海国家纷纷加强海岛立法，由此将本国海岛开发与保护建立在完善的法律框架上，依靠法律制度保障海岛沿着可持续的轨道发展。

为改变远离本土、与世隔绝的孤岛的落后状态，改善基础条件，振兴产业，促进国民经济发展，日本出台了《日本孤岛振兴法》《日本孤岛振兴法实行令》《日本小笠原诸岛振兴开发特别措施法》《日本小笠原诸岛振兴开发特别措施法实行令》《奄美群岛振兴开发特别措施法》及《奄美群岛振兴开发特别措施法实行令》等法律及实行令，对本国海岛开发形成了有力支持。韩国通过出台《韩国岛屿开发促进法》及《韩国岛屿开发促进法实行令》，促进了本国岛屿的开发、保护与管理。美国在一些涉海的法律法规中，如《1972 年美国海岸带管理法》《1978 年美国外大陆架土地法修正案》，对海岛开发与保护事项做出了明确规定。

加强海岛生物多样性、生态环境以及各种资源，尤其是不可再生资源的保护，是海岛立法的重要目的。为此，一些国家建立了有效的法律规范。美国、澳大利亚、加拿大等国对拥有珍稀物种或历史遗迹的岛屿，制定了专门的岛屿管理规划，如美国得克萨斯州的山姆洛克岛管理计划、佛罗里达州的威顿岛保护方案、澳大利亚的罗特内斯特岛的管理计划、加拿大的艾尔克岛国家公园管理计划等。

（2）通过海岛规划促进海岛的保护与发展

1994年，联合国小岛屿国家会议通过了《小岛屿发展中国家可持续发展行动纲领》，致力于推动小岛屿发展中国家的可持续发展，随后海岛的可持续发展成为国外海洋国家非常重视的焦点议题，各国都通过制定科学合理的规划、计划和方案，在保护海岛生态环境的同时，促进海岛的经济社会发展，海岛规划已从单纯的生态环境保护向多用途综合管理方向转变。

欧美国家一般是将海岛纳入海洋空间规划或者地方规划、区域规划中，通过对海洋空间系统整体性研究来指导海岛的发展，通常在土地、交通、海洋环境保护等专项规划中制定相关的政策措施和法律法规来对海岛的未来发展进行约束和引导。亚洲国家对于海岛的规划普遍更为重视，在国家法律法规中都明确了相关的规定，一般通过政府主导来制定海岛发展规划，并进行行政监管。日本、韩国等东亚国家在法律法规中要求通过制定岛屿的振兴或者利用计划，来改善海岛落后状态，提升基础设施条件及振兴产业来发展海岛经济。日本关于海岛的法律法规，都要求地方政府通过制定、实施综合的海岛振兴计划和年度计划来恢复岛屿的开发活动，以提升岛屿居民的生活和福利水平。《韩国岛屿开发促进法》规定了岛屿的管理部门需要制定岛屿开发计划。马尔代夫对海岛管理有着严格、完善的管理法规和制度，其中比较重要的就是海岛开发规划审批制度。马尔代夫政府及相关管理部门还制定了完备的规划以促进旅游业的发展，取得了显著的效果，以规划指导开发，形成了一岛一特色的规划模式，使得海岛旅游特点鲜明，在全世界取得了显著的声誉。

（3）实施对外开放，促进海岛开发

根据海岛资源和环境条件，结合国家经济社会发展需要，实施海岛对外开放，吸收外来资本，发展特色产业，壮大海岛经济，是当前一些国家促进海岛开发和改变海岛落后面貌的重要途径。

为促进海岛地区的经济发展，美国于1999年成立了海岛事务跨部门管理机构（Interagency Group On Insular Areas，IGIA）。该机构的主要职责是协调政府、议会和相关部门的关系，在制定海岛政策和管理措施方面提供建议。任何政府执行部门和机构在涉及海岛问题时都应与IGIA进行合作。该机构成立后，将海岛地区纳入联邦贸易计划，通过吸引新的投资者、发展新的产业和创造就业机会来增强海岛地区的经济。该项目的具体内容包括：海岛计划署、美国与外国商业服务处向海岛地区提供一系列投资项目；美国与外国商业服务处邀请海岛地区的代表参与一系列会议和项目；将海岛地区的进口纳入税收条约再谈判范围之中，形成外国销售公司税收项目的代替。为吸引外来投资者，美国政府对投资海岛给出了优惠的税收政策。例如，到关岛投资 100 万美元以上就可享受投资移民签证待遇，美属萨摩亚政府对投资相关领域的企业免收企业所得税，岛上产品的外国配件占 70%以下可免税进入美国。

印度尼西亚拥有 1.7 万个海岛，是世界上最大的群岛国。为促进海岛经济发展，印度尼西亚出台了一系列优惠政策，并加快完善相关法规。1967 年，印度尼西亚颁布了第一个关于国外对印度尼西亚投资的法律《1967 年外国投资法案》，采取了欢迎外资投资的态度。此后，印度尼西亚政府在外资投资政策方面进行了多次调整，分别为 1967—1970 年无甄别的外资引进、1970—1973 年有选择的外资引进、1981 年限制性外资引进、1982—1986 年逐步放宽限制的外资引进、1987—1992 年大幅度放宽限制的外资引进、1993—1996 年进一步放宽限制与扩大投资优惠的外资引进。至今，印度尼西亚政府不断改善投资环境，修订投资法、劳动法，激发国内经济增长潜力，提升外商来印度尼西亚投资的信心。印度尼西亚投资部发布的数据显示，印度尼西亚 2022 年外国直接投资到位资金达 456 亿美元，比 2021 年增长 44.2%。2023 年 3 月，印度尼西亚公布了最新的税收减免政策，并放宽对土地使用期限的规定。根据这一最新政策，任何企业在新首都投资 100 亿印尼盾（1 美元约合 1.5 万印尼盾）以上，均可享受 100%的企业税减免，优惠期为 10~30 年。印度尼西亚政府将新首都的土地使用权期限延长至 95 年，到期后还可申请延长 95 年。

日本于 1953 年颁布了《离岛振兴法》，主要规定了离岛振兴基本方针、离岛振兴计划以及具体的振兴措施，此后多次对该法律进行修订。该法律确定的海岛振兴内容主要涉及改善振兴区域内海岛的海、陆、空等交通设施以及信息通信网络和其他通信体系；强化农林水产业开发，推动振兴区域内产业生产率的提高、产业发展所需的人才培养、先进技术的引进等；针对医疗保障、养老保障、教育保障、就业保障、文化发展和区域交流等社会事业发展等方面进行了规定。此外，日本政府陆续出台或修订了其他有关海岛开发的制度和政策，制订针对冲绳岛的经济发展计划，着重突出了形成国际港口和推进地区的“国际化”议题，包括实施自由贸易区和对船舶零收费计划，以及实施旅游促进计划和两个加快对外开放的项目。对于一些经济相对落后的海岛，实行对外开放，推进海岛地区“国际化”。

以海岛旅游闻名于世的马尔代夫，有大小岛屿近 1200 个。自 1980 年起，马尔代夫依靠国外资金的援助，制订实施海岛开发计划，发展海岛旅游经济，取得极大成功，被称为海岛开发的“马尔代夫模式”。为增强对国外资金的引进和利用，马尔代夫政府制定出海岛规划后，公开招标，欢迎世界各地以合资或独资等多种形式开发海岛旅游，一般租期为30~50年，同时会给予优惠政策。

（4）海岛旅游业迅速发展

对多数海岛而言，地理位置较为偏远，岛上陆域空间狭窄，自然资源相对单一，生态环境承载力弱，因此其开放开发和经济发展受到很大制约。但一些海岛由于所处的特殊地理空间以及所拥有的独特自然、人文景观，而成为颇具吸引力的旅游目的地，海岛旅游也成为当前国际海岛开发与产业发展的主导方向。

目前，国外海岛旅游开发已基本成熟，在热带、亚热带的一些区域形成了一批世界著名的海岛旅游度假胜地，主要有：分布于地中海沿岸的西班牙巴利阿里群岛、法国科西嘉岛、意大利卡普里岛和马耳他岛等；分布于加勒比海沿岸的墨西哥坎昆、巴哈马群岛和百慕大群岛等；分布于大洋洲的美国夏威夷群岛和澳大利亚大堡礁等；分布于东南亚的新加坡本岛，泰国的普吉岛、攀牙，马来西亚的迪沙鲁、槟榔屿，菲律宾的碧瑶，印度尼西亚的巴厘岛等。这些海岛虽然资源条件各异、规模大小不同，但其所属国家和地区在开发海岛旅游、促进当地经济和社会发展方面都取得了很大的成功。在上述海岛地区，旅游业已成为当地经济发展的“发动机”。

（5）海岛的军事、科研价值得到开发

一些海岛具有突出的地理位置和自然环境优势，军事价值显著，因此在军事层面得到一些开发利用，被建设成为战略性军事基地。美国是推动海岛军事基地建设的典型代表，在一些属于战略要地的海岛，通过投资建设，完成其军事部署。美国在夏威夷群岛建有军事基地群，包括珍珠港海军基地、史密斯海军陆战队兵营、薛夫斯堡和斯科菲尔德兵营，以及希卡姆空军基地。该基地群是连接美国本土和西太平洋各基地群的纽带，是美军太平洋战区的指挥中枢和战区战略预备队的配置地域，是太平洋中航线和南航线的海空运总枢纽；威克岛地处关岛和夏威夷之间，是横渡太平洋航线的中间站，有“太平洋的踏脚石”之称，在第二次世界大战中被称为美国在北太平洋“最有用的地方之一”。第二次世界大战结束后，美国政府加强威克岛的军用建设，使其成为檀香山至关岛航线的中转站以及海底电缆的连接点、弹道导弹试验基地、空军补给站；早在20世纪60年代末，美国就在处于印度洋的查戈斯群岛中最大的岛屿——迪戈加西亚岛上建起了军事基地。迪戈加西亚岛距离肯尼亚的蒙巴萨岛约2200英里①，几乎位于非洲和亚洲的正中间。岛上驻扎着美军，并

① 注：1英里约合1.6千米。

储备了大量作战物资。岛上的机场跑道可供 B-52 大型轰炸机起降，能迅速抵达中东和南亚，在海湾战争、阿富汗战争和伊拉克战争中发挥了重要作用。该岛的天然良港可供美军第五舰队的航空母舰停靠，美军军舰可借此控制印度洋和红海。

具有相对单一、封闭、少干扰的自然环境和资源体系，使得一些海岛保存有较好的地质、生物等历史遗迹或独特的资源特征，科学研究价值极大，是天然的科学实验室，建设科学研究基地的自然条件优越。美国海外领土帕迈拉礁拥有完整的生态系统，是一个没有遭受渔业与伐木业等商业活动蹂躏的太平洋海岛，也是鸟群、雨林和鱼群旺盛生长繁殖的自然天堂。该岛的科研价值非常高，在珊瑚核心的样本中，蕴藏着 10 余个世纪以来的气温资料，因此被气象学家视为观察全球气候变迁的理想地点。豪兰岛和贝克岛是美国国家野生动物保护体系的一部分，由美国内政部的鱼类和野生动物服务机构负责管理，仅对科学家和研究人员开放，以开发利用该岛的科研价值。

（6）大力保护海岛生态环境

除海岛开发外，海岛保护是国外进行海岛管理的另一重要目标。很多沿海国家，如美国、澳大利亚和加拿大等，对具有特殊资源条件或保护价值的岛屿，都采取建立保护区的办法加以保护和管理。这些国家建立海岛保护区所依据的条件，大致包括以下四种情况：①珍稀、濒危野生动植物物种主要或天然分布于该区域；②有代表性的自然生态系统区域以及经过保护可能恢复原始状态的同类自然生态系统区域；③具有自然遗迹并具有科研价值的自然地理地区；④其他具有特殊保护价值的海岛等。通过设立海岛自然保护区的管理方式，可对区域内的环境和珍稀濒危物种及其生态系统、特种景观、遗迹进行保护，从而防止岛上资源和环境遭受不当影响，有效维护海岛生物多样性及生态系统平衡。

（7）生态岛建设成为热点

为促进海岛生态环境的可持续开发利用，保障海岛经济社会健康发展，加拿大爱德华王子岛、韩国的济州岛和美国纽约的长岛等启动了生态岛建设工程，并经过长期努力而取得了显著成效，成为世界海岛开发利用的成功典范，为海岛可持续开发利用指明了方向。

加拿大爱德华王子岛以“水清、气净、土洁”的良好生态环境而著称，其成功经验体现在三个方面：①法律保障完备，加拿大针对自然保护区、野生动物、可再生能源、资源可持续利用等方面都出台了法律法规，成为区域生态建设的重要保障。②加强科技支撑，爱德华王子岛的生态岛建设与技术密不可分，如利用残茬管理措施，提高马铃薯种植的经济效益，同时解决了土壤污染问题。在水资源利用方面，拥有先进的水资源管理系统，废水分离和管理系统使废水再利用率达到 65%。对于过期药物或报废轮胎等特殊物品也可以通过科学技术实现转化再利用。③倡导深入民心的环保文化。这种文化强调，保持清洁的、可持续发展的优质环境，是开展经济活动的前提，是保障人民高质量生活的基础。

韩国济州岛的发展历程体现了由国家和地方政府主导进行生态岛全盘规划的途径。其主要措施有：①整体规划，反复论证，以法律形式保障区域建设的执行。2002 年韩国国会通过《济州国际自由城市特别法》，首次以法律形式确定了济州岛特区的地位，正式启动济州特区的开发计划。②政府支持。政府为来岛进行旅游业投资的企业与个人提供减免税收等优惠政策，引导产业发展，并计划投入 1192 亿韩元用于 120 个开发项目。

美国纽约的长岛是集高端住宅区、科技研发和生态旅游区为一体的现代生态岛，其建设特点表现为：①加强交通基础设施建设，打破岛屿封闭性。长岛与曼哈顿之间修建了近 10 座大桥，拥有美国最大的机场——约翰·肯尼迪国际机场和拉瓜迪亚机场，岛内的高速公路和轨道交通也非常便利，已成为海陆空交通均十分发达的地区。②立法保护生态环境，从 1965 年通过的《固体废弃物处理法》到 1969 年制定的第一部联邦环境成文法《国家环境政策法》，美国鼓励对资源的再生利用和对环境的积极保护，这些法律在长岛得到了很好的执行。另外，长岛拥有大量从事环保工作的非政府组织，其中较为知名的是成立于 1967 年的环境保护基金（EDF），该基金委员会于 1966 年促成了在长岛禁用氯代烃杀虫剂滴滴涕。现在，环境保护基金活跃于法庭、监察听证会和管制诉讼的政府论坛，凭借经济、科学和法律上的技能优势高效处理相关环境问题，深化了长岛居民的环境保护意识。③建立发达的科研教育系统和科研机构，使长岛居民的文化素质和科技水平明显高于其他区域，为发展技术密集型的高科技产业提供了有利条件，同时高素质人口也利于生态环境保护行动的开展。

（8）海岛主权争端问题突出

根据《联合国海洋法公约》规定：一个岛礁的主权归属可以决定这个岛周围以 200 海里为半径的海域的主权和主权权益的归属，一个能维持人类居住或者其本身经济生活的岛屿可以拥有 43 万 km^2 的专属经济区和该区域内的生物和非生物资源，从这个意义上讲，维护海岛安全就是维护海洋国土的安全。这就使一些小岛身价倍增，尤其是那些远离大陆、资源十分匮乏又是不毛之地、人类难以立足的小岛、小礁。

目前，一些远离陆地的岛礁的主权争端已成为国际“热点”。国际上较突出的争端有：俄罗斯与日本的南千岛群岛（日本称北方四岛）之争，韩国与日本的独岛之争，也门和索马里的索科特拉群岛之争，英国与毛里求斯及塞舌尔的查戈斯群岛之争，法国与科摩罗的马约特岛之争，法国与马达加斯加的欧罗巴岛之争，美国与海地的纳瓦萨岛之争，英国与阿根廷的马尔维纳斯群岛（英国称福克兰群岛）、南乔治亚岛和南桑德维奇群岛之争，哥伦比亚与尼加拉瓜的圣安德烈斯群岛、普罗维登西亚岛和圣卡特琳娜岛之争等。随着海洋在全球可持续发展中战略地位的提升，如何妥善解决国家间海岛主权争端，成为促进国际和平与发展面临的重大课题。

2.1.2 主要特点

从国际海岛开发与保护状况看，主要呈现出如下特点。

（1）海岛开发与保护得到高度重视

长期以来，为促进海岛的开发与保护，国际社会采取了一系列重要行动。1973年，联合国教科文组织制定了有关海岛生态系统合理利用的“人与生物圈计划”，并在南太平洋若干岛屿以及地中海、加勒比海上的岛屿推广实施。1992年，联合国世界环境与发展委员会会议通过了《21世纪议程》，提出了“小岛屿的可持续发展”战略问题。1994年，联合国又通过了《小岛屿发展中国家可持续发展行动纲领》，要求各国采取切实的措施，加强对岛屿资源开发的管理。在联合国的推动下，为充分挖掘海岛潜力，改善海岛落后状况，发展海岛特色经济，一些沿海国家通过实施海岛对外开放、发展特色产业、建立保护区及加强法规建设等措施，积极推动海岛开发与保护。

（2）海岛开发、保护共性与个性并存

世界海岛众多，具有类型的多样性和资源环境的不确定性等特点，这使得全球海岛开发与保护活动具有多元化属性，处在不同区域及社会经济发展阶段的海岛存在显著的差别，但不乏一些共性因素。一般海岛开发与经济发展，除了利用海岛陆地上有限的土地与矿产资源外，主要依赖海洋生物、滨海旅游及港口等地方优势资源，形成典型的“资源依赖型”经济发展模式，并对海岛自身脆弱的资源和环境承载力产生显著的影响。

（3）形成多元化的海岛经济发展模式

不同的海岛发展模式形成不同的海岛经济开发模式，而不同的海岛经济开发模式又反过来直接影响海岛的社会经济发展，形成不同的海岛开发与保护战略。相对而言，面积较大，具有一定人口和土地空间的海岛形成以1~2种主导产业为主、多种产业并存的综合性海岛经济发展模式；面积相对较小，发展空间有限的海岛则集中发展一种或少数几种产业，形成专业化的海岛经济发展模式。此外，还有少数海岛受到国家社会、政治、军事与科技发展的影响，形成了特殊的海岛战略开发模式，建设成为海上防卫基地、远洋补给基地、海洋科研基地等。

（4）海岛产业结构逐步升级

在全球一体化发展背景下，区域经济发展竞争加剧，多数中小型海岛的经济发展面临诸多不利因素的影响，传统产业竞争力下降，新兴产业得到开发，由此催生了新型海岛产业的发展。对于很多处在发展阶段的海岛而言，传统产业部门，如农牧渔业和初级产品加工业已经衰退，而海岛旅游、公共管理、离岸金融、装备制造业、信息与通信技术等新兴产业部门开始起步，海岛服务业成为替代传统种植业和渔业的主要海岛产业。以冲绳岛为例，在日本政府财政补贴体系的支持下，冲绳岛已成为国际信息与通信技术产业的中心，旅游业和信息技术产业取代传统渔业成为该海岛主导产业。此外，通过鼓励循环经济发展和减少环境灾害等措施，推动零排放模式发展，冲绳岛以岛上居民健康、长寿的形象成为世界知名的“健康岛”，彻底改变了其传统、落后的产业结构。

（5）注重海岛可持续发展

海岛可持续发展，即充分尊重海岛独特的自然环境属性，以保全海岛自然生态系统和维护海岛社区文化传统为前提，实现海岛经济与社会环境的协调发展，其重点在于海岛的保护。应发挥海岛社区的参与和决策权利，通过传统产业的优化和新型生态产业的开发来减少海岛开发的不利影响，通过海岛保护区建设来促进海岛生态环境的保护和自然生态系统的修复。由于生态旅游业发展在生物多样性保全和自然资源可持续利用方面的巨大潜力，以及海洋能等新型可再生能源在海岛可持续发展领域的重要价值，以海岛保护区建设为载体，以绿色可再生能源为保障，结合休闲渔业和生态旅游开发的新型海岛发展路径适合那些具有独特的海岛生态系统、珍稀动植物资源与传统地方文化、重要生态系统服务价值的生态环境脆弱的海岛及其周边海域。因此，近年来海岛保护区建设逐渐成为海岛资源环境保全与海岛可持续发展的重要手段，并在多个国家被海岛管理者和海岛居民所接受，成为很多海岛可持续发展的重要路径选择。

2.2 世界海岛开发与保护发展趋势

（1）可持续发展成为海岛开发与保护的基本主题

联合国在《21 世纪议程》和《可持续发展世界首脑会议实施计划》中提出了

海洋可持续发展理念，为推进全球海洋可持续发展提供了重要的行动指南。海岛是海洋生态系统的重要组成部分，海岛可持续发展是海洋可持续发展不可分割的有机构成。海岛及其周边海域作为一个国家的重要国土空间，蕴藏着丰富的生物、矿产、港口、旅游、海洋能等资源，具有难以估量的社会、经济、政治、军事、生态及科研价值，在国民经济和社会发展中发挥着越来越重要的作用。鉴于海岛在海洋可持续发展中日益提升的战略地位，在充分尊重海岛自然属性的基础上，结合经济社会发展需求推进海岛可持续发展，将成为今后有关国家实施海岛开发与保护活动的基本主题，生态环境保护与产业开发的协调发展成为海岛开发与保护决策的核心原则。

（2）海岛自身价值体现成为海岛开发与保护的根本依据

不同的海岛具有不同的价值体现，有的海岛具有战略价值，为争取和维护海洋权益、保障国防安全发挥重要作用；有的海岛具有经济资源价值，在生物资源、空间资源、矿产资源、可再生能源、水产资源、淡水资源等某一方面或几个方面优势突出；有的海岛具有生态环境价值，或拥有典型的生态系统和生态关键区，或生物多样性丰富，或拥有珍稀、濒危物种；有的海岛具有社会文化价值，拥有自然历史遗迹、人类活动历史遗迹以及美丽的自然风光，在科学研究和旅游方面具有特殊价值。海岛自身价值的差异，为海岛开发与保护活动的实施提供了根本依据。在可持续理念指导下，依靠科技进步，不同海岛的特殊价值将逐步得到开发利用，从而在维护国家权益、保障国防安全、供给资源、促进经济发展、建立保护区、开展科学研究、丰富大众娱乐生活等不同方面做出卓越贡献。

（3）发展特色服务业是世界海岛开发的新趋势

传统的海岛开发，是一种典型的“资源依赖型”经济发展模式，对海岛自身脆弱的资源和环境承载力具有显著的影响。随着经济全球化和环境保护主义的深入发展，海岛可持续发展理念及海岛自身的生态环境与生存压力迫使海岛社会进行变革，农牧渔业等传统海岛产业快速弱化，以旅游、仓储、金融为代表的特色化海岛服务业的发展成为世界海岛开发的新趋势，这同时也带来了对海岛生态环境的关注，使海岛保护投入的力度不断提升，保护性开发成为世界海岛开发与保护的显著特征。

（4）形成世界性的海岛保护区网络

海岛特有的自然地理环境决定了健康的海岛生态系统是海岛开发的前提条件，也是确保海岛成功开发的基础，海岛开发的同时离不开海岛的保护，开发与保护是人类开发利用海岛过程中互为补充和相互促进的两个侧面。以保护区形式对特定区域内的环境和珍稀濒危物种及其生态系统、特种景观、遗迹进行保护，从而防止海岛资源和环境遭受不当影响，有效维护海岛生物多样性及生态系统平衡，是世界上推行海岛保护的普遍做法，在实践过程中取得了显著成效。随着海岛保护需求的增长，在一些国际组织的推动下，海岛保护区建设将得到更快速、更健康的发展。不久的将来，在全球范围内将形成一个规模庞大、特色鲜明的海岛保护区网络，对世界海岛生态系统及其传统社会文化遗产进行有效保护。

（5）海岛基础设施高度提升

在之前的海岛基础设施建设过程中，由于重视程度不够、投资力度小以及管理弱化，海岛基础设施建设数量、质量与规模远远滞后于经济发展速度，建设标准过低，现代化水平不高，抵御自然灾害和突发性事件的能力较弱，基础设施的保障功能未能得到充分发挥，这些都成为制约海岛可持续发展的重要瓶颈。为促进海岛开发利用，系统、完善的海岛基础设施建设将得到加强，包括：完善岛屿交通基础设施，构建岛屿与大陆及岛际间的现代化立体交通网络；改善岛屿陆上交通条件，建设配套的接线公路，构建岛内路网结构；同时，加强电网、水网建设，形成现代的海岛生产和生活基础设施网络。

（6）多途径解决海岛主权争端

从近年国际实践看，对于解决岛礁主权归属问题，除司法途径外，通过和平协商解决也是一个重要的方式。主要做法有：一是提出主权要求的国家对争议岛礁实行分治，对该区域海洋资源开发实行管理和控制，共同获取利益。二是两个或两个以上国家对岛礁共同行使主权。如英国和法国对新赫布里底群岛的共管、英国和美国对坎顿岛和恩德伯里岛的共同控制。三是承认一国主权的同时，对某些主权权利加以限制，并赋予相关他国以特殊的权利。最典型的是斯瓦尔巴群岛的主权争端解决模式。四是海岸相邻或相向的国家通过政府间协议的方式，对跨界或权利主张重叠海域的海洋资源进行共同开发，作为争端解决前的临时安排。

2.3 我国海岛开发与保护发展现状

我国海岛众多，海岛及其周围海域拥有丰富的旅游资源、渔业资源、港口资源、矿产资源以及海洋能资源等，这些资源使海岛成为我国经济社会发展工作中一个十分重要和特殊的区域。根据2010—2014年全国海域海岛地名普查成果可知，我国共有11 000多个海岛，其中无居民海岛数量为11 400多个，占全国海岛总数的95.5%。我国无居民海岛最多的沿海省份为浙江省，有4100多个；其次为福建省，有2200多个；排名第三的为广东省，拥有无居民海岛1900多个。

无居民海岛构成了我国海岛的主体，也是我国海岛利用的重要对象。不同的用岛类型对于海岛资源的利用、生态环境的影响都是不同的，应采取不同的监督、管理措施，同时，也应从政策角度对其进行引导，从而充分开发利用海岛资源，有效地促进无居民海岛开发与保护工作。就当前我国无居民海岛开发利用类型而言，根据2018年财政部、国家海洋局共同发布的《关于印发〈调整海域无居民海岛使用金征收标准〉的通知》（财综〔2018〕15号），我国无居民海岛的开发利用类型可分为旅游娱乐用岛、交通运输用岛、工业仓储用岛、渔业用岛、农林牧业用岛、可再生能源用岛、城乡建设用岛、公共服务用岛和国防用岛共九类。

2.3.1 旅游娱乐用岛

旅游娱乐用岛主要指利用海岛上丰富的自然和人文景观等旅游资源，在海岛及其周边海域开展旅游观光和休闲娱乐活动及相关设施建设等开发用岛。海岛旅游娱乐包括休闲捕鱼、海岛探险、海岛度假游以及海上娱乐等。全国存在旅游娱乐开发活动的无居民海岛有200多个。

旅游娱乐用岛是当前无居民海岛开发的一种重要方式，但大部分旅游娱乐用岛缺乏整体规划和科学的管理，存在开发方式粗放、效益低下等问题。真正开发成功的无居民海岛并不多，比较典型的有河北省的菩提岛（图2-1）、厦门的火烧屿、广东的放鸡岛及海南的部分无居民海岛。

图2-1 河北省菩提岛鸟瞰

2.3.2 交通运输用岛

交通运输用岛主要是指港口码头、路桥、隧道、机场等交通运输设施及其附属设施建设等用岛。交通运输用岛多位于我国沿海规划的公路、铁路等交通要道经过处，或者周边水深条件较好，可用于大型港口建设的区域，比如深圳孖洲（图2-2）。当前，我国存在交通运输用岛活动的无居民海岛约有50个。

图2-2　广东省深圳孖洲鸟瞰

2.3.3　工业仓储用岛

工业仓储用岛主要是指工业生产、仓储等用岛，包括船舶工业、电力工业、盐业、固体矿产开采、油气开采、海水综合利用及其他工业等用岛。工业仓储用岛一般用于液化气和油料的存储，主要作为一些能源需求量大、经济发达地区的能源储运基地，如浙江省洞头区的大门岛和小门岛，广东深圳市的大铲岛、小铲岛、马鞭洲（图2-3），珠海市的三角山岛等。当前，我国存在工业仓储用岛活动的无居民海岛约有20个。

图2-3　广东省马鞭洲鸟瞰

2.3.4 渔业用岛

渔业用岛主要是指渔业生产活动及其附属设施建设用岛。通过开发利用海岛周边海域的渔业资源，开展海洋渔业生产活动，包括渔业基础设施建设、育苗场的建设和围海养殖。当前，我国存有渔业用岛活动的无居民海岛有800多个。

我国大部分海岛周围海域的浮游动物、水生植物比较丰富，加之离大陆较远，污染少或者没有污染，水体质量较好，适宜多种鱼类及虾类、贝类的放养生长，是良好的海水养殖基地。部分海岛拥有广阔的滩涂，也是养殖各种贝类的良好场所。此外，在海岛上挖掘池塘等，可以利用紧靠大海的便利条件，因而取水养殖也是渔业用岛的一种重要开发方式，如广西的大竹山和珍珠岛等无居民海岛的虾塘对虾养殖等。浙江省舟山市西轩岛（图2-4）水产养殖育苗基地和辽宁省大连市长海县的蛤蜊岛滩涂养殖是我国无居民海岛渔业开发的典型例子。

图2-4　浙江省西轩岛的海岛名称标志碑

2.3.5 农林牧业用岛

农林牧业用岛是指充分利用岛上适宜的气候、土壤、淡水等资源，开展海岛农林牧生产活动。我国很多无居民海岛拥有良好的植被，部分拥有淡水、土壤等资源条件，附近居民会到岛上种植农作物、经济林或者放养家畜等，也有的充分利用海岛较好的自然环境，进行野生牲畜养殖，为人们提供野味，如浙江省象山县有十几个无居民海岛成为养殖野猪的场地，福建的部分无居民海岛上放养野兔等。

在一些具备条件的无居民海岛上，农业、林业甚至畜牧业也可能成为重要的产业，如广西壮族自治区防城港市的榄树墩和蚊虫墩及广东的一些无居民海岛都种植着用于造纸的速生桉树林，珠海市有数十个荒岛用于放养羊、鸡，浙江省临海市长屿养羊20 000只左右，岛上有村民暂住，从事生态放牧生产活动等。无居民海岛农林牧业开发形式一般比较简单、粗放，但也不乏较成功的案例，浙江省台州市温岭的二蒜岛（图2-5）农牧业开发和嘉兴市白塔岛农业种植就是其中的典型。

图2-5　浙江省二蒜岛的畜牧养殖

2.3.6　可再生能源用岛

可再生能源用岛主要是指进行风能、太阳能、海洋能、温差能等可再生能源设施建设的经营性用岛。当前，我国存在可再生能源用岛活动的无居民海岛不到10个。

大规模的可再生能源使用仅限于部分有居民海岛，如浙江省岱山县的衢山岛、广东省珠海市的担杆岛和东澳岛等。这些海岛都已经建设了大规模的风力发电场，尤其是珠海的担杆岛建成了海岛可再生独立能源系统。而无居民海岛的可再生能源使用，主要体现在单纯利用风力发电或结合太阳能、柴油机发电等方式，为无居民海岛上的少量开发活动提供部分电力，比较典型的例子是河北省月岛（图2-6）的风力发电装置为旅游开发提供部分能源。

图 2-6　河北省月岛上的风力发电机

2.3.7　城乡建设用岛

城乡建设用岛主要是指城乡基础设施及配套设施等建设用岛，具体包括城镇化开发和工业园区建设等。当前，我国存在城乡建设用岛活动的无居民海岛不到10个。

2.3.8　公共服务用岛

公共服务用岛主要是指公务、科研、教学、防灾减灾、生态修复、助航导航等非经营性公用基础设施建设和基础测绘、气象观测、海洋监测和地震监测等公益事业用岛。当前，我国进行公共服务用岛活动的无居民海岛有700多个。

公共服务用岛类型繁多，比较典型的有：助航导航设施（航标、灯塔、雷达导航台等建设）用岛，这类岛屿在我国沿海无居民海岛中广泛分布，如辽宁省的灯塔山，山东省的牙石岛，福建省的白头礁，浙江省的喇叭嘴礁等，为过往船只指引方向；大地测绘基准点用岛，这类岛屿是我国测绘网络的重要组成部分，如福建的黄官岛等无居民海岛；通信和电力塔台用岛在浙江省无居民海岛中分布较多，如舟山市的马足山、小蚁山屿等；科研用岛，如舟山桥梁山岛生态修复示范岛；城市公园建设用岛，如广东珠海野狸岛（图 2-7）；垃圾填埋用岛，如舟山定海区的团鸡山岛；动植物检验检疫用岛，如宁波强蛟镇的中央山等。

图 2-7 广东省野狸岛

2.3.9 国防用岛

国防用岛主要是指驻军、军事设施建设、军事生产等国防目的用岛。

第 3 章

我国无居民海岛开发利用制度

3.1 无居民海岛开发利用制度

历史上，我国将无居民海岛作为海域的一部分进行管理。2003 年 6 月 17 日，国家海洋局、民政部、总参谋部联合印发的《无居民海岛保护与利用管理规定》，是我国发布的第一部针对无居民海岛保护与利用活动的规范性文件。该规定明确了我国实行无居民海岛功能区划和保护与利用规划制度，规范了无居民海岛利用申请审批要求等，初步形成了我国无居民海岛开发利用制度体系。2009 年 12 月 26 日，第十一届全国人民代表大会常务委员会第十二次会议通过的《海岛保护法》是我国历史上第一部关于海岛的法律，规定了海岛开发利用管理的基本制度框架。此后，我国陆续发布了《海岛保护法》的配套规章、文件，海岛管理制度体系得到逐步完善。发布的无居民海岛开发利用政策文件主要有：

- 《国家海洋局海岛管理办公室关于印发〈无居民海岛保护和利用指导意见〉的通知》(海岛字〔2011〕44 号)；
- 《国家海洋局关于印发〈无居民海岛开发利用审批办法〉的通知》(国海发〔2016〕25 号)；
- 《国家海洋局关于无居民海岛开发利用项目审理工作的意见》(国海规范

〔2017〕1号）；

- 《国家海洋局关于无居民海岛开发利用项目评审工作的若干意见》（国海规范〔2017〕2号）；
- 《国家海洋局关于印发无居民海岛开发利用测量规范的通知》（国海规范〔2017〕3号）；
- 《国家海洋局关于印发无居民海岛开发利用具体方案编写要求的通知》（国海规范〔2017〕4号）；
- 《国家海洋局关于印发无居民海岛开发利用项目论证报告编写要求的通知》（国海规范〔2017〕5号）；
- 《海域、无居民海岛有偿使用的意见》（2017年5月23日中央全面深化改革领导小组第三十五次会议审议通过）；
- 《关于印发〈调整海域 无居民海岛使用金征收标准〉的通知》（财综〔2018〕15号）。

上述法律、法规、规章形成了我国无居民海岛开发利用制度体系，主要包括规划制度、分级审批制度、有偿使用制度、不动产登记制度和监督检查制度。

3.1.1 规划制度

我国的海岛规划主要起步于《海岛保护法》的颁布实施，《海岛保护法》第八条规定，“国家实行海岛保护规划制度”。海岛保护规划是从事海岛保护、利用活动的依据。制定海岛保护规划应当遵循有利于保护和改善海岛及其周边海域生态系统，促进海岛经济社会可持续发展的原则。

《海岛保护法》将海岛规划的编制制度纳入法律层面，明确了国家实行海岛保护规划制度。《海岛保护法》中确立海岛保护规划体系分为五级（图3-1）。五级海岛保护规划体系对于加强海岛保护、规范海岛发展模式、促进海岛可持续发展起到了重要作用。这种分级体现了海岛保护规划编制的组织部门、规划形式和规划对象的多元化。从组织部门看，包括国务院海洋主管部门、省级海洋主管部门、市级人民政府、县级人民政府、镇级人民政府等；从规划形式看，包括全国海岛保护规划、省域海岛保护规划和分别纳入直辖市城市总体规划、（非直辖市）城市总体规划、镇总体规划的海岛保护专项规划，还有县域海岛保护规划以及针对单岛的可利用无居民海岛保护和利用规划；从规划对象看，实现了从全国海岛到单个无居民海岛的全覆盖，确保了我国海岛的精细化管理。

海岛保护规划五级体系包括：一是国务院海洋主管部门会同本级人民政府有关

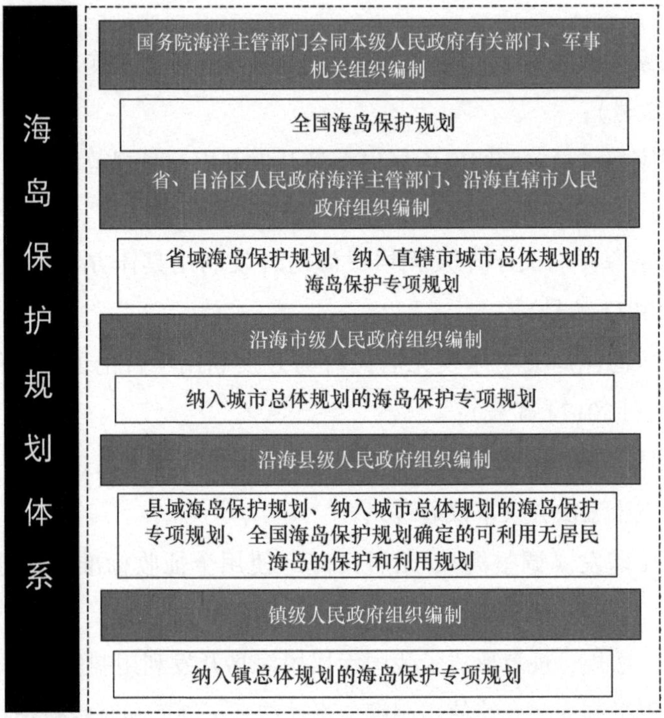

海岛保护规划体系

国务院海洋主管部门会同本级人民政府有关部门、军事机关组织编制

全国海岛保护规划

省、自治区人民政府海洋主管部门、沿海直辖市人民政府组织编制

省域海岛保护规划、纳入直辖市城市总体规划的海岛保护专项规划

沿海市级人民政府组织编制

纳入城市总体规划的海岛保护专项规划

沿海县级人民政府组织编制

县域海岛保护规划、纳入城市总体规划的海岛保护专项规划、全国海岛保护规划确定的可利用无居民海岛的保护和利用规划

镇级人民政府组织编制

纳入镇总体规划的海岛保护专项规划

图 3-1 《海岛保护法》确立的我国海岛保护规划体系

部门、军事机关，依据国民经济和社会发展规划、全国海洋功能区划，组织编制的全国海岛保护规划；二是省、自治区人民政府海洋主管部门组织编制的省域海岛保护规划、沿海直辖市人民政府组织编制并纳入城市总体规划的海岛保护专项规划；三是沿海市级人民政府组织编制并纳入城市总体规划的海岛保护专项规划；四是沿海县级人民政府组织编制的海岛规划（县域海岛保护规划、纳入城市总体规划的海岛保护专项规划、全国海岛保护规划确定的可利用无居民海岛的保护和利用规划）；五是镇级人民政府组织编制并纳入镇总体规划的海岛保护专项规划。

3.1.2 分级审批制度

我国对无居民海岛开发利用实施分级审批。《海岛保护法》第三十条规定，开发利用可利用无居民海岛，应当向省、自治区、直辖市人民政府海洋主管部门提出申请，并提交项目论证报告、开发利用具体方案等申请文件，由海洋主管部门组织有关部门和专家审查，提出审查意见，报省、自治区、直辖市人民政府审批。无居民海岛的开发利用涉及利用特殊用途海岛，或者确需填海连岛以及其他严重改变海岛自然地形、地貌的，由国务院审批。

《无居民海岛开发利用审批办法》对无居民海岛开发利用的分级审批进行了更详尽的规定，指出由国务院审批的六种情形，包括：涉及利用领海基点所在海岛；涉及利用国防用途海岛；涉及利用国家级海洋自然保护区内海岛；填海连岛造成海岛自然属性消失的；导致海岛自然地形、地貌严重改变或造成海岛岛体消失的；国务院规定的其他用岛。上述六种情形外的无居民海岛开发利用，由省级人民政府批准。

3.1.3 有偿使用制度

无居民海岛是全民所有自然资源资产的重要组成部分，是我国经济社会发展的重要战略空间。为促进海洋资源保护和合理利用、维护国家所有者权益，对可开发利用的无居民海岛，通过有偿使用达到尽可能少用的目的。

2010 年 3 月施行的《海岛保护法》中明确规定："经批准开发利用无居民海岛的，应当依法缴纳使用金。"

2010 年 6 月，财政部、国家海洋局颁布的《无居民海岛使用金征收使用管理办法》对无居民海岛有偿使用的方式进行了明确："旅游、娱乐、工业等经营性用岛有两个及两个以上意向者的，一律实行招标、拍卖、挂牌方式出让。"

2017 年 5 月 23 日，中央全面深化改革领导小组第三十五次会议通过了《海域、无居民海岛有偿使用的意见》。该意见提出，对可开发利用的海域、无居民海岛，要通过提高用海用岛生态门槛，完善市场化配置方式，加强有偿使用监管等措施，建立符合海域、无居民海岛资源价值规律的有偿使用制度。

2018 年，财政部、国家海洋局共同发布的《关于印发〈调整海域 无居民海岛使用金征收标准〉的通知》（财综〔2018〕15 号）规定："无居民海岛使用权出让实行最低标准限制制度。无居民海岛使用权出让由国家或省级海洋行政主管部门按照相关程序通过评估提出出让标准，作为无居民海岛市场化出让或申请审批出让的使用金征收依据，出让标准不得低于按照最低标准核算的最低出让标准。"用岛单位或个人申请使用无居民海岛的，应按照该文件规定的无居民海岛等别、出让最低标准，通过使用权价格评估确定用岛使用金标准，向国家依法缴纳无居民海岛使用金。使用金征收标准体现了生态用岛导向，公益事业用岛可免缴使用金，对海岛生态环境影响越大的用岛类型和方式，需缴纳的使用金越高。

3.1.4 不动产登记制度

无居民海岛是自然资源的重要组成部分。2019 年 7 月 11 日，自然资源部、财政部、生态环境部、水利部、国家林业和草原局共同发布了《自然资源统一确权登记暂行办法》，规定国家实行自然资源统一确权登记制度，要求“对水流、森林、山岭、草原、荒地、滩涂、海域、无居民海岛以及探明储量的矿产资源等自然资源的所有权和所有自然生态空间统一进行确权登记”。

无居民海岛开发利用申请经国务院或省级人民政府批准后，用岛单位和个人缴纳无居民海岛使用金，再按照不动产统一登记的有关规定，依法办理不动产登记手续，领取不动产权属证书。无居民海岛不动产登记实行属地登记，市县级自然资源主管部门为承担登记具体工作的登记机构。根据《浙江省无居民海岛管理实施细则》，无居民海岛不动产登记的内容一般包括无居民海岛的名称、用岛面积、用岛类型、用岛方式、具体用途、用岛范围、建筑物和设施基本情况、使用期限、使用权人基本信息等情况以及他项权利。

无居民海岛不动产登记制度是无居民海岛资源长期可持续发展的基础，也是建立归属清晰、权责明确、保护严格、流转顺畅、监管有效的无居民海岛资产产权制度的前提。

3.1.5 监督检查制度

为有效实施无居民海岛行政管理，对无居民海岛实行监督检查制度，《海岛保护法》第四十一条规定：“海洋主管部门应当依法对无居民海岛保护和合理利用情况进行监督检查。海洋主管部门及其海监机构依法对海岛周边海域生态系统保护情况进行监督检查。”

在主体的内部监督管理方面，海洋主管部门依法履行监督检查职责，有权进入海岛实施现场检查，并要求被检查单位和个人就海岛利用的有关问题作出说明，检查人员自身要忠于职守、秉公执法、清正廉洁、文明服务，履行职责时出示有效的身份证件，并依法接受监督。若发现国家机关工作人员在海岛执法时违反法律规定，应当予以处分，并向其任免机关或检察机关提出处分建议。这有利于海岛管理职能的落实，也有利于海岛行政管理队伍的建设和能力的提升。

3.2 无居民海岛开发利用要求与流程

3.2.1 无居民海岛开发利用要求

（1）无居民海岛开发利用需严格遵循《海岛保护法》的相关规定

《海岛保护法》第三十条规定：“从事全国海岛保护规划确定的可利用无居民海

岛的开发利用活动，应当遵守可利用无居民海岛保护和利用规划，采取严格的生态保护措施，避免造成海岛及其周边海域生态系统破坏。开发利用可利用无居民海岛，应当向省、自治区、直辖市人民政府海洋主管部门提出申请，并提交项目论证报告、开发利用具体方案等申请文件，由海洋主管部门组织有关部门和专家审查，提出审查意见，报省、自治区、直辖市人民政府审批。无居民海岛的开发利用涉及利用特殊用途海岛，或者确需填海连岛以及其他严重改变海岛自然地形、地貌的，由国务院审批。”根据《中华人民共和国海岛保护法释义》（以下简称《海岛保护法释义》），无居民海岛生态脆弱，盲目、无序、无度开发将导致海岛生态遭到严重破坏，我国大多数无居民海岛不适宜进行规模开发利用。因此，对无居民海岛开发利用提出明确要求：一是未经批准利用的无居民海岛，应当维持现状，不能开发利用，不得改变海岛自然原始状态，减少人类活动的干扰和影响。《海岛保护法》第二十八条规定：“未经批准利用的无居民海岛，应当维持现状；禁止采石、挖海砂、采伐林木以及进行生产、建设、旅游等活动。”二是开发利用的无居民海岛应当是经全国海岛保护规划确定的可利用无居民海岛，开发利用应当符合海岛保护规划。三是无居民海岛开发利用应当遵守可利用无居民海岛保护和利用规划。四是开发利用无居民海岛，应当履行无居民海岛保护义务，采取严格的生态保护措施，避免造成海岛及其周边海域生态系统破坏。这些基本要求是《海岛保护法》规定的国家实行海岛科学规划、保护优先、合理开发、永续利用原则的具体体现。

（2）临时性利用无居民海岛要求

《海岛保护法》第三十四条规定：“临时性利用无居民海岛的，不得在所利用的海岛建造永久性建筑物或者设施。”根据《海岛保护法释义》对该条的释义，临时性利用无居民海岛，是指因公务、教学、科学调查、救灾、避险等需要而短期登临、停靠无居民海岛的行为。临时利用无居民海岛的，应当承担保护海岛的义务，不得在所利用的海岛建造永久性建筑物和设施。“永久性建筑物和设施”是指采用钢、水泥、砖、木、石及其他耐久性建筑材料进行构筑、使用期限超过临时性利用需要的建筑物和设施。临时性利用无居民海岛没有建造永久性建筑物和设施的必要，同时，随意建造永久性建筑物和设施会破坏海岛植被，改变海岛地形、地貌，不利于海岛生态和景观的保护。确需在无居民海岛上搭建一些临时性建筑物和设施的，应当在严格保护无居民海岛及周边海域生态系统的前提下进行，并在临时性利用活动结束时及时清除。

（3）无居民海岛开展旅游活动的要求

《海岛保护法》第三十五条规定：“在依法确定为开展旅游活动的可利用无居民

海岛及其周边海域，不得建造居民定居场所，不得从事生产性养殖活动；已经存在生产性养殖活动的，应当在编制可利用无居民海岛保护和利用规划中确定相应的污染防治措施。”根据《海岛保护法释义》对该条的释义，无居民海岛及其周边海域生态脆弱，易受人类活动影响。在海岛建造居民定居场所和生产性养殖活动，会对海岛及其周边海域景观和海水质量、生物质量造成较大影响。因此，依法确定为开展旅游活动的可利用无居民海岛及其周边海域，不得建造居民定居场所，不得从事生产性养殖活动。“生产性养殖”不包括作为旅游娱乐项目而进行的小规模养殖活动。对已经存在的生产性养殖活动，应在制定可利用无居民海岛保护和利用规划中明确相应的污染防治措施，保障无居民海岛及其周边海域的环境质量。

（4）无居民海岛开发利用鼓励生态型开发模式

无居民海岛开发利用应全面落实海洋生态文明建设要求，鼓励绿色环保、低碳节能、集约节约的生态海岛开发利用模式，在开发利用的同时需全面加强海岛的生态保护。对于无居民海岛利用过程中产生的废水、废物，《海岛保护法》都有相关要求，其中第三十三条规定：“无居民海岛利用过程中产生的废水，应当按照规定进行处理和排放。无居民海岛利用过程中产生的固体废物，应当按照规定进行无害化处理、处置，禁止在无居民海岛弃置或者向其周边海域倾倒。”根据《海岛保护法释义》对该条的释义，无居民海岛生态脆弱，环境容量小，纳污能力有限，废水废物的排放对无居民海岛及其周边海域生态系统影响很大，应当加以必要的管理。开发利用无居民海岛应当在编制的开发利用具体方案中，明确废水和固体废物的处理、处置办法。无居民海岛利用过程中产生的废水应当予以处理，按照规定的要求排放。这里的“按照规定”还包括：一是海岛保护规划和有关无居民海岛保护技术规范中关于无居民海岛利用过程中产生的废水处理、排放的规定；二是国家和地方制定的有关废水处理、排放标准的规定。无居民海岛利用过程中产生的固体废物，应当按照规定进行无害化处理、处置，禁止在无居民海岛弃置或者向其周边海域倾倒。这里的“按照规定”包括：一是海岛保护规划和有关无居民海岛保护技术规范中关于无居民海岛利用过程中产生的固体废物的处理、处置规定；二是国家和地方制定的有关固体废物处理、处置及标准的规定。

（5）地方对无居民海岛开发利用的相关要求

《浙江省无居民海岛开发利用管理办法》第二十一条规定：“开发利用无居民海岛应当采取相应的生态保护措施，并符合下列要求：（一）按照批准文件或者无居民海岛使用权出让合同规定的海岛用途、使用年限，建筑总量、建筑物高度、容积率、绿地率等指标，以及环境容量、环境保护措施等要求实施开发利用；（二）充分利用原有地形、地貌，保护自然景观、自然资源，不得超出批准文件或者无居民海岛使用权出让合同的规定占用自然岸线；（三）按照批准文件或者无居民海岛使用权出让合同的规定，限制建筑物、构筑物及其附属设施与自然岸线的距离；（四）按照批准文件或者无居民海岛使用权出让合同的规定，对无居民海岛及其周边海域实施生态修复；（五）不得破坏、损毁依法设置的军事设施、界碑、地名标识、助航导航、测量、通信、气象观测、海洋监测和地震监测等公共设施，不得妨碍公共设施的正常使用。"

3.2.2 无居民海岛开发利用流程

无居民海岛属于国家所有，由国务院代表国家行使无居民海岛所有权，基于无居民海岛的国家所有权，国家对开发利用无居民海岛实行统一管理。根据《海岛保护法》及自然资源主管部门的相关文件规定，无居民海岛开发利用需要在符合无居民海岛保护和利用规划等要求的情况下，通过无居民海岛开发利用申请批准、无居民海岛使用金缴纳和无居民海岛使用权不动产登记等流程来获得无居民海岛使用权（图3-2）。

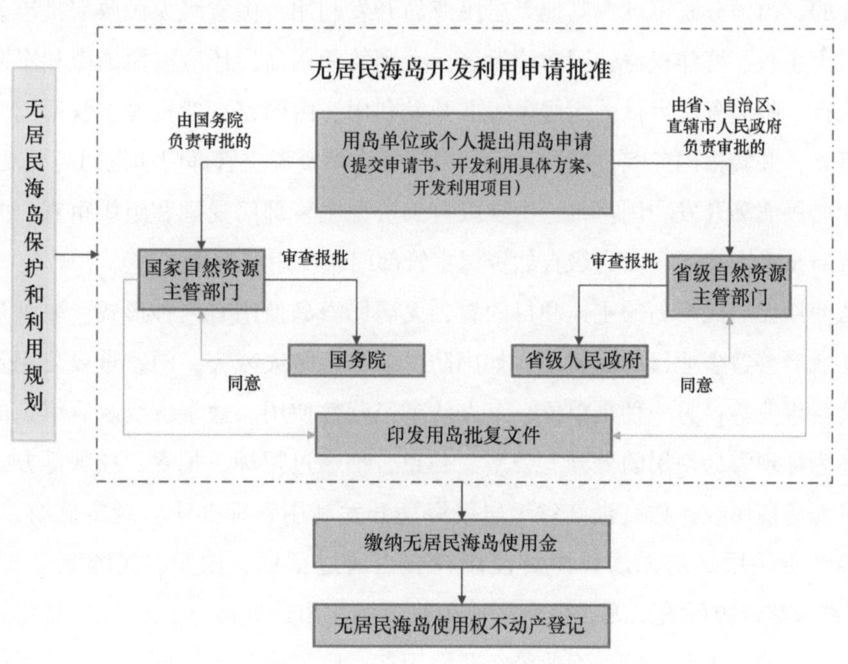

图3-2 无居民海岛开发利用流程

3.2.2.1 无居民海岛保护和利用规划编制

《海岛保护法》第十二条规定："沿海县级人民政府可以组织编制全国海岛保护规划确定的可利用无居民海岛的保护和利用规划。"根据《海岛保护法释义》对该条的释义，编制可利用无居民海岛保护和利用规划，目的是使无居民海岛开发利用活动有所遵循。县级人民政府可以组织编制无居民海岛保护和利用规划，可利用无居民海岛的开发利用活动应当遵守可利用无居民海岛保护和利用规划的强制性要求。

3.2.2.2 无居民海岛开发利用申请批准

单位和个人需要开发利用无居民海岛，需提出申请并提交《无居民海岛开发利用申请书》《无居民海岛开发利用具体方案》和《无居民海岛开发利用项目论证报告》等用岛申请材料。

《海岛保护法》规定，国务院代表国家行使无居民海岛所有权；海洋主管部门负责无居民海岛保护和开发利用管理工作。无居民海岛的开发利用涉及利用领海基点所在海岛、涉及利用国防用途海岛、涉及利用国家级海洋自然保护区内海岛、填海连岛或造成海岛自然属性消失的、导致海岛自然地形地貌严重改变或造成海岛岛体消失的，由国务院审批；其他无居民海岛开发利用，由省级人民政府批准。涉及维护领土主权、海洋权益、国防建设等重大利益的用岛，还应按照国家和军队有关规定执行。报国务院审批的无居民海岛开发利用，由国家自然资源主管部门受理和组织审查，并转报国务院批准同意后，由国家自然资源主管部门印发用岛批复文件；其他无居民海岛开发利用审批，由省级自然资源主管部门受理和组织审查，并转报省级政府批准同意后，由省级自然资源主管部门印发用岛批复文件。

从使用无居民海岛的主体和目的看，无居民海岛使用有两种形式：一种是国家为公共或者公益事业目的而使用，如国防、公务、防灾减灾、国家重要公用基础设施、公益事业等；另一种是单位、个人从事经营性使用。通常省级政府审批的经营性用岛为体现海岛使用的公开、公平、公正，都通过招标、拍卖、挂牌等方式取得无居民海岛使用权。如《浙江省无居民海岛开发利用管理办法》规定旅游、娱乐、工业等经营性用岛的无居民海岛使用权应当通过招标、拍卖、挂牌等方式取得；《广东省自然资源厅关于无居民海岛使用权市场化出让办法（试行）》规定旅游娱乐、交通运输、工业仓储、渔业等经营性用岛，应当通过市场化方式出让无居民海岛使用权。

无居民海岛使用权出让标底或者底价应当根据国家有关资产评估法律规定进行

价格评估，无居民海岛使用金不得低于无居民海岛使用权出让最低价，无居民海岛的等别划分以及无居民海岛使用权出让最低标准按照国家规定执行。地方对于无居民海岛使用权出让底价也有相关规定，如《广东省自然资源厅关于无居民海岛使用权市场化出让办法（试行）》规定无居民海岛使用权出让底价参照使用权价值评估结果确定，不得低于无居民海岛使用权出让最低价与测量费、评估费、出让方案编制费、利益相关者补偿费等出让前期费用之和。

3.2.2.3 无居民海岛使用金缴纳

《海岛保护法》第三十一条规定："经批准开发利用无居民海岛的，应当依法缴纳使用金。但是，因国防、公务、教学、防灾减灾、非经营性公用基础设施建设和基础测绘、气象观测等公益事业使用无居民海岛的除外。"无居民海岛使用金征收使用管理办法，由国务院财政部门会同国务院海洋主管部门规定。根据《海岛保护法释义》对该条的释义，无居民海岛归国家所有，国家作为无居民海岛的所有人，无居民海岛的开发利用，应该有法律制度来保障其作为所有人的经济权益得以实现。开发利用无居民海岛经依法批准后，开发利用者取得了无居民海岛使用的权利，同时也要依照《海岛保护法》规定缴纳无居民海岛使用金。无居民海岛使用金应当依法纳入预算管理，用于海岛保护、管理和生态修复等。

3.2.2.4 无居民海岛使用权不动产登记

无居民海岛使用权不动产登记实行属地登记，其中以实施招拍挂出让方式确定用岛人的，用岛人应在足额缴纳无居民海岛使用金后方可按规定办理不动产登记。

第 4 章

无居民海岛开发利用本底调查

无居民海岛本底调查有助于全面掌握无居民海岛的生态、地形、资源开发利用状况。本底调查前需充分收集无居民海岛的相关基础资料，包括：海岛及所在地区的行政区划、地质地理、自然资源、生态环境、人口状况、经济发展、社会民生、基础设施、土地利用、相关规划等方面的资料，以便为无居民海岛本底调查打好基础。无居民海岛开发利用本底调查的主要内容包括地形测量、岸线调查、植被调查、动物调查、土壤调查和开发利用现状调查等方面。

4.1　地形测量

地形测量是指测绘地形图的作业，通常采用航空摄影测量方法。而无居民海岛通常面积较小、地理位置远离大陆，采用无人机航测具有明显优势。无人机航测是对传统航空摄影测量手段的有力补充，具有机动灵活、高效快速、精细准确、作业成本低、适用范围广、生产周期短等特点，在小区域和飞行困难地区具有明显优势。

海岛地形测量外业通过无人机航空测量技术进行地面影像资料及数据采集，内业通过无人机影像处理软件与摄影测量方法建立测区数字高程模型（DEM）。

（1）收集资料

开展无居民海岛地形地貌测量前，需收集以下资料：

①测绘控制点资料，包括控制点名称、平面位置和高程信息等；

②连续运行参考站系统（CORS）站位分布及有关信息；

③地图资料，包括测区的卫星影像资料、基础地形图、交通图、行政区划图、地名录等；

④调查区域内的禁飞区、限飞区等特定信息；

⑤调查区域的气候条件、潮汐资料、水文信息等；

⑥有关调查区域的其他必要的资料。

（2）选择设备

根据无居民海岛测区大小，选择满足测量要求的无人机。无人机航摄系统实用升限不低于1000 m，为满足任务要求宜具备差分定位系统，且应具备不依赖机场起降的能力和足够的载荷能力。搭载的数码相机（正射相机、倾斜摄影相机等）使用前须经过检校，主要性能指标满足如下要求：

①有效像素不低于2000万；

②像素2000万的影像存储能力达1000幅以上；

③连续工作时间不低于2 h；

④配备电子快门。

（3）划分航摄区域

根据海岛的形状进行航摄区域划分，主要要求如下：

①航摄分区界线一般应与内图廓线相一致；

②航摄分区划分应兼顾成图比例尺、飞行效率、飞行方向、飞行安全等因素；

③航摄分区内的地形高差应不大于1/4航摄高度；

④当地面高差突变，地形特征差别显著或有特殊要求时，按照《低空数字航摄与数据处理规范》（GB/T 39612—2020）的要求破图廓划分航摄分区。

（4）设置航线

航摄区域划分之后，进行任务航线设置，主要要求如下：

①根据航摄分区结果确定航线海拔高度、调查（拍照）间距、航线间距；

②航线一般按东西向平行于图廓线直线飞行，特定条件下也可作南北向飞行或沿线路、河流、海岸、境界等方向飞行，航线弯曲度不大于5%；

③应尽可能避免像主点落水，要求确保航摄区域达到完整覆盖，并能构成立体像对；

④沿海滩涂、潮间带等区域受潮汐影响，应选择在低潮时间窗口开展作业；

⑤在建筑物低矮、稀疏区域开展倾斜航空摄影测量时，应根据建筑物分布、朝向及地形敷设；在建筑物高大、密集区域开展倾斜航空摄影测量时，应纵横交叉敷设或加大航向旁向重叠度。

（5）影像重叠度要求

海岛地形地貌测量影像重叠度要求如下：

①正射数字航空摄影测量的航向重叠度一般为60%～80%，最低不低于53%；旁向重叠度一般为15%～60%，最低不低于8%；调绘范围线应设计在相邻调绘片重叠的中心线位置；海岛、海岸带区域航摄时重叠度宜适当加大，航向重叠度宜不低于70%，旁向重叠度宜不低于50%；

②倾斜数字航空摄影测量的垂直影像航向重叠度一般不低于60%，旁向重叠度一般为40%～80%，最低不低于30%；在海岛、海岸带地势陡峭区域，航向重叠度建议为70%～80%，当满足垂直影像重叠度后，倾斜影像的航向、旁向重叠度可不再重新设计。

（6）像控点布设与测量

为了校正低空航摄影像，需要在测量时布设像控点。像控点选点应满足以下条件要求：

①像控点的目标影像应清晰，易于判刺和立体量测，如选在交角良好（30°～150°）的细小线状地物交点、明显地物拐角点，原始影像中不大于3×3像素的点状地物中心，同时应是高程起伏较小、常年相对固定且易于准确定位和量测的地方，弧形地物及阴影等不宜选作点位目标；

②高程控制点应选在高程起伏较小的地方，以线状地物的交点和平山头为宜，狭沟、尖锐山顶和高程起伏较大的斜坡等均不宜选作点位目标；

③像控点位置距离像片边缘应不小于150像素。

像控点测量要求如下：

①像控点的测量方法和要求按照《数字航空摄影测量 控制测量规范》（CH/T 3006—2011）执行；

②应拍摄像控点现场照片，记录像控点与周边地形地物方位关系，反映像控点实地准确位置。

（7）内业数据处理和精度评估

内业数据处理主要包括地形模型生成和精度评估。处理流程如下：将拍摄的像片带回室内，剔除图像模糊和重叠率不够的像片，然后借助摄影测量软件进行地形建模，生成 DOM、DEM 等产品，利用控制点参照“1985 国家高程基准”修正高程。

4.2 岸线调查

海岛岸线资源在我国海洋经济发展中占据重要地位，掌握海岛岸线长度、类型、分布特征等，对于制定科学、合理的岸线开发与保护政策，指导无居民海岛开发利用和保护具有重要意义。无居民海岛岸线调查内容主要包括类型、长度、位置和使用状况等，岸线调查一般以实地勘测为主、遥感调查为辅的方式进行。海岛岸线调查相关技术规范具体可参考《全国无居民海岛岸线勘测技术规程（试行）》《无居民海岛开发利用测量规范》（HY/T 250—2018）、《海岸线调查统计技术规范》（DB33/T 2106—2018）等国家或地方标准规范。本书综合了上述资料，结合工作实践，形成了海岛岸线类型、调查方法与技术等内容。

4.2.1 海岛岸线类型

海岛岸线在我国系指多年大潮平均高潮位时海与岛陆的分界线。海岛岸线类型主要划分为自然岸线和人工岸线两类（表 4-1）。自然岸线包括基岩岸线、砂质岸线、淤泥质岸线、基岩岸线、生物岸线等原生岸线，以及海堤外通过自然恢复或整治修复后形成的具有自然岸滩形态特征和生态功能的海岸线。人工岸线主要包括填海造地、围海和构筑物等三类工程形成的人工岸线。

表 4-1 海岛岸线类型

一级类	二级类	备注
自然岸线	基岩岸线	由岩石构成的基岩海岸的岸线
	砂质岸线	由砂和砾石构成的岸线
	淤泥质岸线	由粉砂和黏土构成的淤泥质海岸的岸线
	生物岸线	由珊瑚礁、红树林或海草床构成的岸线
	具有自然岸滩形态特征和生态功能的岸线	海堤等构筑物外侧，经过自然恢复或人工干预，基本恢复自然岸滩剖面形态特征和生态功能的岸线
人工岸线	填海造地岸线	依托海岛填海造地形成的岸线
	围海岸线	依托海岛围海形成的岸线
	构筑物岸线	依托海岛建设构筑物形成的岸线

4.2.2 调查方法与技术

无居民海岛岸线调查一般采用现场调查与遥感或航飞调查相结合的方式。

（1）现场调查

现场调查一般采用高精度的实时动态载波相位差分（Real-time kinematic，RTK）等测量仪器开展，实测点平面定位精度一般优于0.1 m。现场调查时应按照不同岸线的界定方式，沿海岛岸线选取特征点（岸线拐点、类型分界点、遥感解译的岸线验证点等），岸线测量点应有代表性，应真实反映海岛岸线自然特征、使用状况，并满足成图比例尺要求（图4-1至图4-5）。

图4-1 基岩岸线特征点测量

（浙江省三门县点灯屿，摄于2017年7月4日）

图4-2 砂质岸线特征点测量

（浙江省三门县龙山岛，摄于2017年9月23日）

图 4-3　自然恢复的淤泥质岸线特征点测量

（浙江省三门县田湾岛，摄于 2017 年 6 月 30 日）

图 4-4　扩塘山围海养殖形成的人工岸线（海堤）特征点测量

（摄于 2017 年 9 月 22 日）

（2）遥感或航飞调查

当以遥感或航飞调查为主时，卫星或航空遥感影像数据的分辨率、波段、时相等应满足调查要素判识和成图比例尺的要求。一般要求卫星影像分辨率优于 1 m，航空影像分辨率应优于 0.2 m，成像时间与现场调查基本同期（1 年以内）。遥感影像一般要求影像清晰，无明显噪声、斑点或坏线，影像总云量不超过 10%，且影像

图 4-5 猫头山屿码头建设形成的构筑物人工岸线特征点测量

（摄于 2017 年 7 月 6 日）

接边处、海岛岸线区域不得有云遮挡。采用遥感影像解译时，应结合现场实测点开展（图 4-6）。

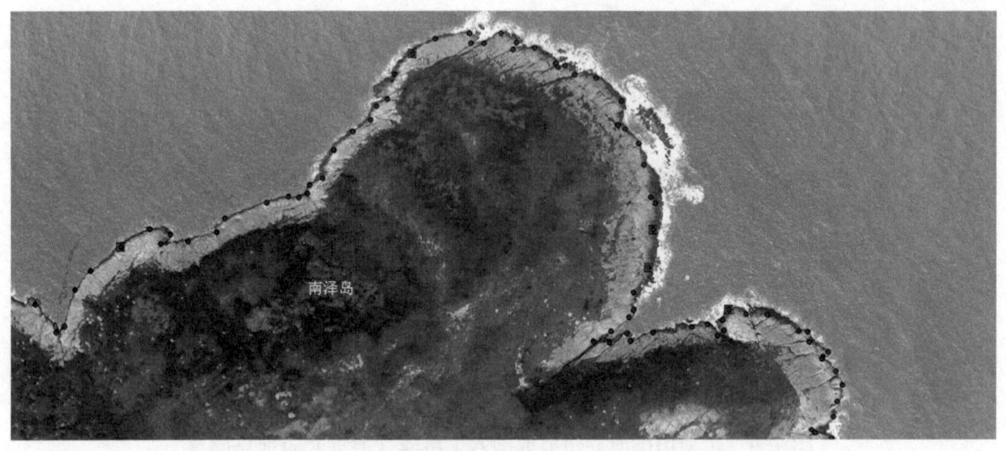

图 4-6 浙江南泽岛参考现场实测验证点指导室内岸线遥感解译工作

（图中红色为实测点，蓝色为解译点）

4.3 植被调查

无居民海岛植被调查是通过植被类型的空间分布图斑提取、类型识别和抽样调查，为海岛植被的保护、恢复、利用和可持续发展提供信息支持。调查可参考《森林植被状况监测技术规范》（GB/T 30363—2013）、《森林植物分类、调查与制图规范》（LY/T 3128—2019）、《草原植物资源调查技术规程》（DB23/T 2500—2019）、《野生植物资源调查技术规程》（LY/T 1820—2009）、《农业野生植物调查技术规范》（NY/T 1669—2008）和《林业资源分类与代码森林类型》（GB/T 14721—2010）等规范。

4.3.1 调查内容

调查内容包括：

①海岛植被类型图斑界线；

②海岛植被类型、数量与面积；

③海岛植被类型的生态环境因素；

④海岛植被类型的物种组成、结构、多样性、更新与演替；

⑤海岛植被类型的健康状况，包括火灾、病虫害及自然与人为干扰状况。

4.3.2 主要调查指标

（1）植被类型

根据《林业资源分类与代码 森林类型》（GB/T 14721—2010），将无居民海岛植被划分为14个植被类型（表4-2）。

表4-2 无居民海岛植被类型

植被类型组	植被类型
乔木林	针叶林
	针阔混交林
	落叶阔叶林
	落叶常绿阔叶混交林
	常绿阔叶林
	季雨林和雨林
	亚高山矮曲林
	红树林与珊瑚岛常绿林
竹林	竹林

续表

植被类型组	植被类型
经济林	经济林
灌木林	针叶灌木林
	常绿革叶灌木林
	落叶阔叶灌木林
	常绿阔叶灌木林

（2）植被盖度

指植物地上部分垂直投影的面积占地面的比率。

密：盖度70%及以上；

中：盖度30%~69%；

疏：盖度30%以下。

（3）人为干扰

人类在海岛群落中开展的各种活动。

（4）海岛群落演替阶段

在海岛群落发展变化的过程中，一个优势群落代替另一个优势群落的演变现象，称为海岛群落演替。海岛群落的演替过程可划分为三个阶段（表4-3），分别是先锋群落阶段、发展强化阶段和成熟稳定阶段。

表4-3 植被演替阶段

代码	演替阶段	说明
1	先锋群落阶段	一些物种侵入无林地，定居成功并改良了环境，为以后入侵的同种或异种物种创造有利条件
2	发展强化阶段	通过种内或种间竞争，优势物种定居并繁殖后代，劣势物种被排斥，相互竞争过程中共存下来的物种，在利用资源上达到相对平衡
3	成熟稳定阶段	物种通过竞争，平衡地进入协调进化，资源利用更为充分有效，群落结构更加完善，有比较固定的物种组成和数量比例，群落结构复杂，层次多

（5）其他指标

郁闭度、群落结构类型、生物多样性、坡度、坡向等。

4.3.3 调查方法

采用遥感解译和现场调查相结合的方法。

（1）调查前准备

包括调查表格、地形图、遥感影像等图面材料的准备，各种调查工具和仪器的准备，各种调查和规划成果及其他有关资料（如野生保护植物名录）的收集等。

（2）现场调查方法

一般采用样线法进行调查。根据植物分布情况，确定调查样线起讫点和走向，并记录调查线路航迹。样线布设应能反映植被分布特征并兼顾不同植被类型变化，样线间距一般在100 m以上，或视海岛面积大小适度调整，注意代表性、整体性及可行性。样线长度一般不小于100 m，或视海岛面积大小穿过整个岛陆和潮间带。

在开展样方或样线调查时，要对乔木或灌木建群种的树高、枝下高、冠幅、胸径（或基径）等进行测量和记录，测量方法按照《生物多样性观测技术导则 陆生维管植物》（HJ 710.1-2014）的要求执行，并拍摄群落生境、外貌、结构及重要植物物种等照片。

（3）遥感调查方法

在现场调查数据基础上，建立解译标志。依据遥感影像图的解译样片，借助小班数据，确定遥感影像上有关色调、形状、纹理、布局、位置等特征的信息与植被类型判读的相关性。通过实地调查和室内图像的分析，经过反复判读和野外对比验证，对各判读地类类型影像特征、实地实况进行归纳，形成各地类类型的遥感图像特征描述，并形成遥感判读解译标志表（表4-4）。根据遥感解译标志，采用人工目视解译或者监督分类方法进行识别。

表4-4 遥感判读解译标志

植被类型	影像特征描述					遥感图像	实地照片
	色调	形状	纹理	布局	位置		

4.3.4 调查成果分析

①统计无居民海岛植被覆盖、类型及分布特征，植物区系特征、群落特征、优势种、建群种等生物多样性特征；

②分析海岛植物的关键种、指示种、特有种等特殊类群；

③分析特有、珍稀濒危植物和古树名木物种分布及其保护状况等；

④分析外来物种及其分布；

⑤分析植被受威胁现状及因素；

⑥给出植被资源综合评价结论与保护对策建议。

4.4 动物调查

无居民海岛动物调查是对海岛生态系统中动物群落、种类、数量、分布、栖息地等进行系统观察和记录的科学研究方法。

4.4.1 调查对象和范围

无居民海岛动物调查对象主要为陆生脊椎动物，包括：兽类（哺乳纲）、爬行类、两栖类和鸟类。调查范围为无居民海岛所有的岛陆和岛滩，对于鸟类，调查范围还应包括无居民海岛周边海域。

4.4.2 调查内容

调查内容包括一般陆生脊椎动物调查，特有、珍稀濒危野生动物调查，以及人工种群情况。

一般陆生脊椎动物调查内容包括：主要陆生脊椎动物（兽类、两栖类、爬行类、鸟类）的种类，并简要描述其栖息地、受威胁因素和保护现状等。

特有、珍稀濒危野生动物调查内容包括：查清特有、珍稀濒危动物的种类、分布、数量，栖息地、繁育地、觅食区现状，受威胁因素及影响程度，栖息地、繁育地及保护现状，并拍摄特有、珍稀濒危动物照片。

4.4.3 调查方法

无居民海岛陆生脊椎动物调查可参考《陆生野生动物及其栖息地调查技术规程 第1部分：导则》（GB/T 37364.1—2019）、《全国第二次陆生野生动物资源调查技术规程》（2011）、《生物多样性观测技术导则 鸟类》（HJ 710.4—2014）、《生物多样性观测技术导则 爬行动物》（HJ 710.5—2014）和《生物多样性观测技术导则 两栖动物》（HJ 710.6—2014）等标准。

特有、珍稀濒危野生动物的调查方法与一般陆生脊椎动物的调查方法相同。

4.4.3.1 动物种类调查方法

应根据调查区域的地形地貌、植被状况的不同，采取相应的调查方法。调查频次、调查时间应符合调查对象的生态习性。条件允许时，宜采用可自动记录野生动物实体或影像信息的调查方法。

采用访问调查法及资料查询法，近五年内有人见到某种动物或存在某种动物出现的确切证据，认为该物种在该海岛上有分布。

野外调查发现某种野生动物实体或活动痕迹的，认为该物种在该海岛上有分布，并记录动物名称、数量、痕迹种类、地理位置、影像等信息。

野外实地调查应根据调查动物的生活习性和资源条件制定调查方法，以下是一些常见的动物调查方法。

（1）样点法（point sampling method）

按照统计学要求布设圆形样地，以圆心为中心，观察并记录周围野生动物的调查方法。

此方法适用于较为广泛的动物种类调查。在调查区域内，设置一系列样点或样地，通过观察和记录样点内的动物个体数量、种类等信息，从而推断整个海岛的动物情况。样点可以以网格、固定间隔、随机抽样等形式设置。

（2）样线法（line transect method）

按照统计学要求布设调查线路，在调查线路上行进，观察并记录线路上及线路两侧的野生动物实体、声音或其活动痕迹等的调查方法。

（3）样方法（quadrat sampling method）

按照统计学要求，布设长方形或正方形样地，观察并记录其中野生动物或其活动痕迹的调查方法。

（4）直接计数法（direct counting）

将海岛根据地形、地貌和野生动物分布划分为一个或多个观测分区，对各个观测分区的野生动物所有个体进行逐一计数和统计，从而获得调查范围内野生动物的种类和数量的方法。

（5）铗日法（trap-day method）

在选定的样地上按照规定的方法布设一定数量的鼠铗，根据鼠铗数量、放置一昼夜所捕获鼠类（或其他小型动物）的种类和数量、单位面积上所捕获鼠类（或其他小型动物）的种类和数量，估计所在海岛鼠类（或其他小型动物）种类、密度的方法。

(6) 自动记录法（automatic recording method）

按照统计学要求布设可自动记录动物影像、音频、视频等的仪器，根据获取的影像、音频、视频等进行分析，获取野生动物种类、数量、生态习性等信息的调查方法。

(7) 鸣声定位法（sound positioning method）

根据动物发出的声音确定动物种类、数量及地点的调查方法。

(8) 陷阱法（pitfall trapping method）

利用陷阱捕获野生动物，进而估计所在海岛野生动物种类、密度的调查方法。

(9) 洞穴计数法（den counting）

根据样地上野生动物洞穴的种类、数量及利用情况，估计野生动物种类、数量及密度的调查方法。

以上方法各有特点，适用于不同的调查目的和调查对象，一般比较常用的是样线法、样方法、样点法和直接计数法。在实际调查中，也可以结合多种方法来获取全面而准确的动物调查数据。

4.4.3.2 栖息地调查方法

宜采用实地调查、遥感判读等技术方法，确定野生动物栖息地类型；利用地理信息系统等技术分析计算野生动物栖息地范围及面积。

野外调查发现野生动物实体或活动痕迹时，应记录动物实体或活动痕迹所在地的栖息地类型。栖息地为天然植被或人工林的，记录其植被类型；栖息地为无植被的水面的，记录为湿地类型；栖息地为农田的，记录为水田或旱地。

4.4.3.3 受威胁因素调查方法

进行动物种类及栖息地调查时，记录野生种群及栖息地的主要受威胁因素及受威胁程度。野生种群及栖息地受威胁程度可划分为强、中、弱、无四个等级。

①强。野生动物种群或栖息地受到严重威胁，种群数量明显减少，栖息地质量严重下降或功能基本丧失，即使威胁因素消除，野生动物种群及栖息地也难以恢复。

②中。野生动物种群或栖息地受到明显威胁，野生动物种群数量减少，栖息地质量下降或部分功能丧失，但威胁因素消失后，野生动物种群及栖息地均可恢复。

③弱。野生动物种群或栖息地受到一定程度威胁，但种群基本稳定，栖息地基本保持原样。

④无。野生动物种群及栖息地未受到威胁，栖息地保持原样，野生动物栖息繁衍不受影响。

4.4.3.4 保护现状调查方法

宜采用访问调查法及文献资料法进行调查。

4.4.4 调查时间和频次

（1）兽类、两栖类和爬行类

根据兽类、两栖类与爬行类活动习性确定调查时间，其中兽类可选择全年的不同季节进行调查，两栖类与爬行类应在其繁殖季节进行调查。

（2）鸟类

鸟类具有迁徙的特点，应根据观测目标和观测区域鸟类的繁殖、迁徙及越冬习性确定观测的时间。

由于海岛生态系统的独特性和脆弱性，海岛动物调查也有其挑战，包括交通、数据采集等方面的困难。因此，合理的调查设计和方法选择、资源合理利用和合作研究都是非常重要的。同时，需要注意的是，在进行海岛动物调查时，调查人员应遵循相关法律法规和伦理原则，尊重当地的生态和文化，切勿扰乱和破坏动物栖息地。

4.5 土壤调查

土壤是由岩石风化而成的各种大小的颗粒、矿物质、动植物、微生物残体腐解产生的有机质、土壤生物、水分、空气、氧化的腐殖质等组成。固体物质包括各种大小的颗粒、矿物质、有机质和微生物通过光照抑菌灭菌后得到的养料等。液体物质主要指土壤水分。气体是存在于土壤孔隙中的空气。土壤中这三类物质构成了一个矛盾的统一体——它们互相联系，互相制约，为植物提供必需的生活条件，是土壤肥力的物质基础。

风化作用使岩石破碎，理化性质改变，形成结构疏松的风化壳，其上部可称为土壤母质。如果风化壳保留在原地，形成残积物，便称为残积母质；如果在重力、流水、风力、冰川等作用下，风化物质被迁移形成崩积物、冲积物、海积物、湖积物、冰碛物和风积物等，则称为运积母质。成土母质是土壤形成的物质基础和植物矿质养分元素（氮除外）的最初来源。母质代表土壤的初始状态，它在气候与生物的作用下，经过上千年的时间，才逐渐转变成可生长植物的土壤。母质对土壤的物理性状和化学组成均产生重要的作用，这种作用在土壤形成的初期阶段最为显著。随着成土过程进行得越久，母质与土壤间性质的差别也越大，尽管如此，土壤中总会保存有母质的某些特征。

无居民海岛土壤调查是通过对土壤剖面形态及其周围环境的观察、描述记载和采样分析，对土壤的发生演变、分类分布、环境质量情况进行研究、判断。相关调查可以参考《矿山土地复垦土壤环境调查技术规范》（DB41/T 1981—2020）、《森林土壤调查技术规程》（LY/T 2250—2014）、《森林土壤有机碳储量调查技术规程》（DB23/T 2427—2019）、《土壤环境监测技术规范》（HJ/T 166—2004）、《土壤环境质量 农用地土壤污染风险管控标准（试行）》（GB 15618—2018）等。

4.5.1 采样点布设

根据植被、地形条件（坡向、坡度、坡位等）选择具有代表性的地点：

①不宜在人为影响较大的地点（植被遭到明显破坏处、矿坑、陷阱、路旁、沟渠等）设点；

②不宜选取自然断面作为土壤剖面，可作为参考；

③距树干 1~2 m 以外选择剖面点。

采样点布设位置一般应与海岛植被调查中的样方位置一致，采样点个数应满足表层土壤样品数量基本要求（表 4-5）。

表 4-5 表层土壤样品数量基本要求

海岛面积 a/km^2	土壤样品数量/个
$a \leq 0.01$ km^2	≥3
0.01 km^2 < $a \leq 0.1$ km^2	≥3
0.1 km^2 < $a \leq 1$ km^2	≥4
1 km^2 < $a \leq 5$ km^2	≥6
$a > 5$ km^2	≥8
其他说明	上述要求为一般性规定，土壤表层样品数量可视调查海岛土壤发育程度和土壤类型复杂程度适当增减

4.5.2 样品保存、处理和测定

4.5.2.1 样品流转

（1）装运前核对

在采样现场，样品必须逐件与样品登记表、样品标签和采样记录进行核对，核

对无误后分类装箱。

（2）运输中防损

运输过程中严防样品的损失、混淆和玷污。对光敏感的样品应有避光外包装。

（3）样品交接

由专人将土壤样品送到实验室，送样者和接样者双方同时清点核实样品，并在样品交接单上签字确认，样品交接单由双方各存一份备查。

4.5.2.2 样品制备

（1）制样工作室要求

分设风干室和磨样室。风干室朝南（严防阳光直射土样），通风良好，整洁，无尘，无易挥发性化学物质。

（2）制样工具及容器

风干用白色搪瓷盘及木盘；

粗粉碎用木槌、木滚、木棒、有机玻璃棒、有机玻璃板、硬质木板、无色聚乙烯薄膜；

磨样用玛瑙研磨机（球磨机）或玛瑙研钵、白色瓷研钵；

过筛用尼龙筛，规格为2~100目；

装样用具塞磨口玻璃瓶、具塞无色聚乙烯塑料瓶或特制牛皮纸袋，规格视量而定。

（3）制样程序

在风干室将土样放置于风干盘中，摊成2~3 cm的薄层，适时地压碎、翻动，拣出碎石、沙砾、植物残体。

在磨样室将风干的样品倒在有机玻璃板上，用木槌敲打，用木滚、木棒、有机玻璃棒再次压碎，拣出杂质，混匀，并用四分法取压碎样，过孔径0.25 mm（20目）尼龙筛。过筛后的样品全部置无色聚乙烯薄膜上，并充分搅拌混匀，再采用四分法取其中两份，一份交样品库存放，另一份细磨加工。粗磨样可直接用于土壤pH、阳离子交换量、元素有效态含量等项目的分析。

（4）样品细磨

用于细磨的样品再用四分法分成两份，一份研磨到全部过孔径0.25 mm（60目）筛，用于农药或土壤有机质、土壤全氮量等项目分析；另一份研磨到全部过孔径0.15 mm（100目）筛，用于土壤元素全量分析。

（5）样品分装

研磨混匀后的样品，分别装于样品袋或样品瓶，填写土壤标签一式两份，瓶内或袋内放一份，瓶外或袋外贴一份。

4.5.2.3 样品保存

按样品名称、编号和粒径分类保存。对于易分解或易挥发等不稳定组分的样品要采取低温保存的运输方法，并尽快送到实验室分析测试。测试项目需要新鲜样品的土样，采集后用可密封的聚乙烯或玻璃容器在4℃以下避光保存，样品要充满容器。避免用含有待测组分或对测试有干扰的材料制成的容器盛装保存样品，测定有机污染物用的土壤样品要选用玻璃容器保存。

4.5.3 土壤分类

（1）土壤粒级分类标准

土粒大小不均一，在自然状况下大小不同的土粒，有的彼此不黏结地存在于土壤中，称为单粒，有的相互黏结成为一个集合体，称为复粒。将土壤颗粒按照直径的大小划分为若干个级别，这些级别称为土壤粒级（表4-6）。

表4-6 土壤粒级分类标准

土粒直径/mm	土粒分级标准
>3	石块
3~1	石砾
1~0.25	粗砂粒
0.25~0.05	细砂粒
0.05~0.01	粗粉粒
0.01~0.005	中粉粒
0.005~0.002	细粉粒
0.002~0.001	粗黏粒
<0.001	细黏粒

（2）土壤质地分类标准

土壤质地是土壤的重要农业现状，它是各个级别土粒质量的百分比含量，又称为土壤颗粒组成或机械组成。土壤质地分类是根据土壤颗粒组成的相似与否，将土壤划分为若干个类别。1987年出版的《中国土壤》（第二版）公布了中国土壤质地分类制，分为3组12种质地名称（表4-7）。

表4-7 中国土壤质地分类

质地组	质地名称	颗粒组成		
		砂粒 （1~0.05 mm）/%	粗粉沙 （0.05~0.01 mm）/%	细黏粒 （<0.001 mm）/%
砂土	极重砂土	>80	—	<30
	重砂土	70~80		
	中砂土	60~70		
	轻砂土	50~60		
壤土	砂粉土	≥20	≥40	
	粉土	<20		
	砂壤土	≥20	<40	
	壤土	<20		
黏土	轻黏土	—	—	30~35
	中黏土			35~40
	重黏土			40~60
	极重黏土			>60

4.5.4 土壤环境现状评价

根据《土壤环境质量 农用地土壤污染风险管控标准（试行）》（GB 15618—2018）（表4-8），依据土壤调查试验测得的污染物含量，进行土壤环境现状评价。

表4-8 农用地土壤污染风险筛选值（基本项目） 单位：mg/kg

序号	污染物项目		风险筛选值			
			pH≤5.5	5.5<pH≤6.5	6.5<pH≤7.5	pH>7.5
1	镉	水田	0.3	0.4	0.6	0.8
		其他	0.3	0.3	0.3	0.6
2	汞	水田	0.5	0.5	0.6	1.0
		其他	1.3	1.8	2.4	3.4

续表

序号	污染物项目		风险筛选值			
			pH≤5.5	5.5<pH≤6.5	6.5<pH≤7.5	pH>7.5
3	砷	水田	30	30	25	20
		其他	40	40	30	25
4	铅	水田	80	100	140	240
		其他	70	90	120	170
5	铬	水田	250	250	300	350
		其他	150	150	200	250
6	铜	果园	150	150	200	200
		其他	50	50	100	100
7	镍		60	70	100	190
8	锌		200	200	250	300

4.5.5 调查结果分析

制作土壤类型分布图，成图比例尺不小于1：5 000。阐明土壤类型及分布，土壤理化特征、环境质量等，评价土壤环境现状。

4.6 开发利用现状调查

无居民海岛开发利用现状调查重点针对岛上的人类开发利用活动情况，调查无居民海岛开发利用项目的名称、类型、用岛范围等信息，以及无居民海岛开发利用的主要方式。通过调查，掌握无居民海岛开发利用项目的位置、分布、规模等信息，分析海岛交通条件、给排水条件、电力供应、通信条件等开发利用现状情况。

无居民海岛开发利用的空间信息主要通过实地测量并结合遥感影像解译方式获取。

（1）遥感解译

现状底图以航空或航天正射影像图为基础，充分利用已有的调查成果资料，在影像图上解译用岛类型图斑界线，判断用岛类型以及现状地物，获取无居民海岛使用现状信息，作为外业调查的工作地图。开发利用现状遥感信息提取可参考海洋管理部门发布的《海岛四项基本要素监视监测技术要求（试行）》相关规定的方法执行。

（2）资料收集和调访

收集无居民海岛相关的全国海域海岛地名普查成果、海岛志、地方志、项目报告、规划、文献资料等，详细了解无居民海岛的基本情况，并结合走访或座谈等形式完善其相关资料，调访对象主要包括地方海域海岛管理部门、村集体等，以及用岛单位或个人，或者毗邻陆域上的居民，调访内容重点关注无居民海岛开发利用现状及权属信息等。

（3）实地调查

对已确权发证的无居民海岛开发利用项目，以分类型界址图为依据，现场核实并界定无居民海岛开发利用状况；对未确权发证的无居民海岛开发利用项目，以《无居民海岛开发利用测量规范》（HY/T 250—2018）为依据，调查并界定无居民海岛实际使用状况。

海岛开发利用现状调查一般采用调绘法。调绘主要包括四个方面内容：一是当影像上地物界线与实地一致时，将地物界线直接调绘到调查底图上；二是当影像不清晰或实地地物与影像不一致时，采用实地测量方法，将地物补测到调查底图上；三是当有设计图、竣工图等有关资料时，可将新增地物的界线直接补测在调查底图上，但必须实地核实确认；四是将用岛类型的权属信息等属性标注到调查底图上。

（4）结果分析

对收集的资料、外业调查的测量数据等整理落图，绘制开发利用现状分布图，并分析无居民海岛开发利用现状的总体情况、占用面积、权属信息，评估开发利用现状对无居民海岛的影响。

第 5 章

无居民海岛保护和利用规划

根据《海岛保护法》确立的海岛保护规划体系，无居民海岛保护和利用规划属于沿海县级人民政府组织编制的规划。该规划的主要特点是其规划对象为单个无居民海岛，是对无居民海岛保护、开发与管理的纲领性规划。

5.1 规划原则、目的和内容

5.1.1 规划原则

无居民海岛具有生态敏感、封闭、极易受外界干扰的自然属性特征，以及维护海洋权益、保障海上安全、促进海洋经济发展等社会属性特征。因此，需根据无居民海岛属性，在充分考虑海岛与周边区域、自身资源与发展、保护与开发相协调的原则基础上，制定无居民海岛保护和利用规划。

(1) 海岛独立性与外在联系性相协调原则

尽管海岛受海洋隔绝，具有相对独立性的特征，但随着社会经济的发展，海岛与外界的联系越来越紧密，海岛的发展与周边广大区域已经融为一体。因此，无居民海岛保护和利用规划的编制应充分结合海岛和区域整体之间的联系，在突出海岛特点的同时，将海岛融入所处的区域环境统筹考虑，点面结合，使得海岛与外部的发展相辅相成，紧密协调。

（2）海岛生态保护与开发利用相协调原则

相比大陆，海岛自身的面积、环境和资源等要素严重受限，资源承载力有限。同时，海岛及周边海域常分布有自然景观、滩涂湿地、动植物等可适度利用的资源，有些海岛周边还分布有红树林、珊瑚礁等多种需要重点保护的典型生态系统。因此，无居民海岛保护和利用规划应充分评估海岛生态敏感性，并在对海岛有限的资源开展有效利用的同时，制订一系列措施加以保护，使之可以持续性地为人类提供服务。

（3）海岛资源有限性与发展多样性相协调原则

海岛区域分布有岛陆、岛滩和环岛海域等多种生态系统，拥有岸线、岛体和植被等多种资源，可以为海岛的多种发展方向提供可能。同时，海岛的资源又具有有限性特点，编制无居民海岛保护和利用规划时，应充分论证，深入调研。海岛未来的发展方向不应求大而全，而应求专，应选择最能凸显海岛主导功能的优势资源规划发展，使得海岛在资源得到合理利用的情况下能可持续发展。

5.1.2 规划目的

规划是无居民海岛保护和开发的重要依据，对于规范无居民海岛的保护与利用活动、保护和恢复海岛及其周边海域生态系统，促进海岛经济社会的可持续发展具有重要意义。规划的编制需重点明确以下三个方面内容。

①明确无居民海岛保护的主要内容和范围，以更好地实施对无居民海岛的保护；

②明确无居民海岛的主导开发功能，最大限度地发挥海岛的资源优势，寻求海岛利用整体效益的最大化，在分析海岛生态敏感性的基础上使无居民海岛的独特资源优势得到有效保护和充分利用；

③明确无居民海岛保护、利用、管理的重点及管理措施，加强规划的可操作性、提高规划的可实施性。加强对无居民海岛实施系统有序的管理，使无居民海岛综合资源得到科学合理的利用，推动无居民海岛的可持续发展。

5.1.3 规划内容

无居民海岛保护和利用规划应根据无居民海岛的资源环境、所处区域的经济社会状况、海岛及周边海域生态资源现状等科学合理地编制，并应符合相关上位规划的要求，同时合理规划无居民海岛的保护和利用区域，制定个性化的管控要求。

（1）规划大纲

根据《关于印发〈县级（市级）无居民海岛保护和利用规划编写大纲〉的通知》（国海岛字〔2011〕332号），依据《海岛保护法》及其配套制度的相关规定，县级（市级）无居民海岛保护和利用规划，是对拟开发利用的无居民海岛编制的单岛保护和利用规划。该规划由县级海洋行政主管部门组织编制，并由县级政府批准（不设县级海洋行政主管部门的地区，由市级海洋行政主管部门组织编制，并由市级政府批准）。

专栏 《县级（市级）无居民海岛保护和利用规划编写大纲》

一、无居民海岛基本情况

（一）无居民海岛行政区域位置

（二）无居民海岛地理坐标位置

（三）无居民海岛海岸线以上的面积

（四）无居民海岛地形地貌

（五）无居民海岛自然生态

（六）无居民海岛岸线水深等资源情况

（七）无居民海岛及周边开发利用情况

（八）无居民海岛已开展的保护情况

二、单岛保护区的区域和内容

（一）划定单岛保护区的范围

1. 单岛保护区面积一般不小于单岛总面积的三分之一；

2. 单岛保护区可以根据实际情况设定一处或多处；

3. 如特殊需要单岛保护区可包括部分周边海域。

（二）单岛保护区保护的主要对象

1. 有研究和生态价值的草本和木本植物；

2. 有研究和生态价值的珍稀动物；

3. 航标、名胜古迹等人工建筑物；

4. 特殊地质或景观的地形地貌；

5. 海岸线、沙滩等重要的海岛资源。

三、单岛保护区保护的具体措施

（一）严格按照《县级（市级）无居民海岛保护和利用规划》编制《无居民海岛开发利用具体方案》；

（二）单岛保护区养护和维修的具体办法；

（三）单岛保护区保护的经费来源；

（四）相关单位对单岛保护区的责任和义务；

（五）单岛保护区要达到的保护目标。

四、对海岛开发利用活动的要求

（一）不得建设对海岛环境有严重影响的项目；

（二）开发活动期间要采取对海岛保护的措施；

（三）项目在运营期间不得对环境造成危害；

（四）利用海岛的单位和个人应承担海岛保护的义务；

（五）开发利用项目应采取的防灾减灾措施。

（2）规划目标和主要内容

无居民海岛保护和利用规划需依据各级海岛保护规划、海岛所在地国民经济与社会发展规划、资源环境与经济社会状况、海岛及周边海域生态资源现状等，围绕实施经济社会发展战略，解决好海岛保护和利用的协调发展问题，提出海岛开发利用活动的具体要求，确定规划目标。

根据《县级（市级）无居民海岛保护和利用规划编写大纲》，总结规划主要内容包括5个方面：

①制定规划的指导思想、编制原则，提出海岛保护的主要调控指标和总体布局安排；

②明确海岛保护对象，划定海岛保护区，提出保护区保护的具体措施；

③明确海岛的用途，确保海岛未来的发展符合其资源特征并与区域未来发展定位相吻合；

④明确海岛各区域、岸线的使用性质及分区界线；

⑤提出对海岛开发利用活动的要求。

《浙江省无居民海岛管理实施细则》还规定无居民海岛保护与利用规划应当符合国土空间规划、海岸带保护与利用规划和生态红线管控要求，并与其他规划相衔接。规划应当包括下列内容：

①海岛的地形、地貌和需要保护的自然资源及景观；

②海岛的用途；

③海岛各区域、岸线和周边海域的使用性质及界线；

④航道、电力、通信等基础配套设施；

⑤开发利用中需要采取的保护措施。

无居民海岛用于旅游、娱乐、工业等经营性开发利用的，其无居民海岛保护和利用规划还应当包括无居民海岛及其周边海域的环境容量要求；无居民海岛及其周边海域生态环境已经受损的，其无居民海岛保护和利用规划还应当包括生态修复的主要措施。

（3）明确保护对象与开发保护分区

无居民海岛保护和利用规划的重要任务是提出海岛保护利用的主要管控指标和总体的开发保护布局安排，基于海岛的本底资源情况和开发利用现状，明确有保护价值的对象。根据《县级（市级）无居民海岛保护和利用规划编写大纲》，单岛保护区保护的主要对象包括：

①有研究和生态价值的草本和木本植物；

②有研究和生态价值的珍稀动物；

③航标、名胜古迹等人工建筑物；

④特殊地质或景观的地形地貌；

⑤海岸线、沙滩等重要的海岛资源。

海岛开发保护布局安排体现在规划对海岛的分区划定，通常分区包括保护区和开发利用区，分区范围要能够有效地对保护对象实施保护，也要确保海岛的开发利用价值得到体现。海岛的保护与利用分区是规划的核心内容，也是海岛未来管控的基础，应依据海岛的地形、地貌和需要保护的自然资源及景观，确定保护对象和保护范围，对保护对象所在区域划定海岛保护区，保护区之外的海岛区域划为开发利用区。保护区面积一般不小于海岛总面积的1/3，保护区可以根据实际情况设定一处或多处，如有特殊需要，保护区可包括部分周边海域，同时分区可结合海岛的生态敏感性评估结果进行更为科学的划定。

（4）管控措施制定

分区域对海岛空间进行差异化管控是用途管制实施的最普遍方式，因此管控措施应以重点保护海岛的自然资源、自然景观以及历史、人文遗迹等对象为基本原则，以海岛的生态旅游环境容量测算为基础，针对保护与开发利用区，分区域设定适合于海岛的管控措施，并应提出海岛开发利用活动的具体要求。

《海岛保护法》第三十二条规定：经批准在可利用无居民海岛建造建筑物或者

设施，应当按照可利用无居民海岛保护和利用规划限制建筑物、设施的建设总量、高度以及与海岸线的距离，使其与周围植被和景观相协调。根据《海岛保护法释义》对该条的释义，可利用无居民海岛保护和利用规划应当根据无居民海岛资源环境的承载能力，提出海岛上建设规划控制要求，以限制海岛上建造建筑物和设施的建设总量、高度以及与海岸线的距离，保护岸线、沙滩等海岸带资源，避免破坏海岛景观，防止和减轻海洋灾害。因此，应根据海岛的具体情况明确相应的控制指标，包括但不限于：建筑物设施总量、建筑物高度、容积率、植被覆盖率、自然岸线保有率、自然岸线退让距离等。

5.2 基于地理信息系统的规划分区技术

无居民海岛保护和利用规划的核心是注重生态环境的保护与海岛资源的合理开发利用，在规划时应根据无居民海岛不同区域的现状特点，采取有针对性的规划设计。地理信息系统（Geographic Information System，GIS）作为传统学科和现代学科相结合的产物，形成了一个集计算机硬件、软件和数据处理过程为一体的系统，其强大的空间分析能力、三维可视化功能和数据管理功能，在无居民海岛这种交通不便且地形复杂的区域可以得到较好的应用。将GIS技术的各项分析处理功能，包括无居民海岛地形空间数据的建立、三维地形分析、叠加分析评价等，应用于无居民海岛生态敏感性分析评价，为无居民海岛保护和利用规划功能分区奠定科学基础，从而更加科学合理地开展无居民海岛保护和利用规划的分析研究。

5.2.1 基于GIS的数据处理与空间数据库建立

5.2.1.1 数据的收集

利用GIS技术的辅助分析，在无居民海岛本底调查资料的基础上，进行无居民海岛地形表面分析和各数据的分类与整理，归纳所需研究数据，然后在此基础上进行数据处理和分析。

5.2.1.2 数字高程模型建立

数字高程模型是适用于描述地形高低起伏特征的数据模型，利用相关的数据分析，进而获取海岛地理信息因子的数据信息。通过岛陆无人机测量可获取无居民海岛数字高程模型（DEM）数据，利用GIS的三维分析功能建立三维模型，通过不规则三角网（TIN）数据的表面分析，进行坡度、坡向、高程等地形数据叠加分析，从而进行海岛生态敏感性评价分析，为无居民海岛保护和利用规划提供直观和科学的分析基础。

5.2.1.3 空间数据库建立与数据整合

利用GIS强大的空间图形数据和属性数据管理能力、多源数据综合能力和空间分析功能建立无居民海岛空间数据平台，对无居民海岛基础数据进行综合管理分析，从而为保护与开发利用无居民海岛提供科学的判断和决策依据。

无居民海岛空间资源数据的整合，首先要将多源异构数据从时间尺度上进行划分，分为现状数据和历史数据，然后将不同时间尺度的数据通过不同精度的空间数据整合、格式转换、坐标转换和属性整合处理后，导入GeoDatabase数据库进行存储，最后对整合后的数据进行分析评价。

（1）空间数据精度、基准（坐标系）、格式的整合

无居民海岛基础数据整合的关键就是空间数据精度的整合、数据空间基准统一和数据格式统一。

①空间数据精度整合。空间数据精度主要取决于测量精度和图形精度。由于测量误差的广泛存在、操作人员经验水平的差异和时空尺度的不同，不同来源的同一区域的空间位置会有一定的差别，导致区域的空间位置在图形上的不一致。对于这种不一致，需要通过数学手段来消除，从而实现不同精度的空间数据的整合。

②数据空间基准统一。目前数据常用的坐标系有CGCS2000坐标系、1954年北京坐标系、1980年西安坐标系等。如果要把数据整合到一起，必须将不同坐标系的坐标通过坐标转换模型转换到同一椭球基准、同一投影方式和分带方式的坐标系中。

③数据格式统一。常用的数据格式主要是TAB、Shapefile和MDB。

（2）数据的属性数据整合

空间数据将通过属性表中属性项单位的统一、属性项类型和长度的统一以及属性数值小数位数的控制，来达到对属性数据的规范化和标准化管理，同时规范化的数据也减小了属性数据在进行整合变换时的精度损失。

通过收集的数据和相关资料，运用RS和GIS空间分析手段，对海岛主要基础数据进行整合和提取分类，结合现场调研，摸清无居民海岛的基本情况。

（3）GIS空间分析

对现场测量调查和其他不同来源数据进行空间叠加分析，并进一步综合分析无

居民海岛的资源和开发利用情况。对于收集的栅格图像，可在 ArcGIS 软件平台下完成相关图像的矢量化工作。

5.2.2 海岛生态敏感性因子分析

当前，生态敏感性已经在各领域得到了广泛的研究应用，应用领域包括城乡规划、土地利用、生态评估、功能区划、风景园林规划等多个方面。生态敏感性表征了无居民海岛的生态系统在面对人类活动的外来扰动时的反映程度，能反映无居民海岛不同区域发生生态环境问题的可能性。生态敏感性受到多种因素的影响，海岛自身的植被、土壤、地形地貌、自然岸线等的质量状况都能在生态敏感性评价中得到体现。

无居民海岛生态敏感性评价的技术思路是考虑到不同的生态因子对海岛生态保护和利用的影响，尽可能地选取有代表性的生态敏感性因子，构建评价体系，对无居民海岛生态敏感性进行评价分析。生态敏感性评价因子的选择将综合考虑对无居民海岛生态和开发利用有影响的因素，主要选取坡度、坡向、高程、地形起伏度、归一化差值植被指数（NDVI）、自然岸线等因素。通过对上述因子各项数据进行重分类，对不同生态敏感性因子进行等级赋值，利用 GIS 技术中的叠加分析对生态敏感性评价中的各个因素进行加权叠加分析，然后综合分析无居民海岛生态敏感性等级，以此来分析无居民海岛不同区域的生态敏感性程度（图 5-1）。

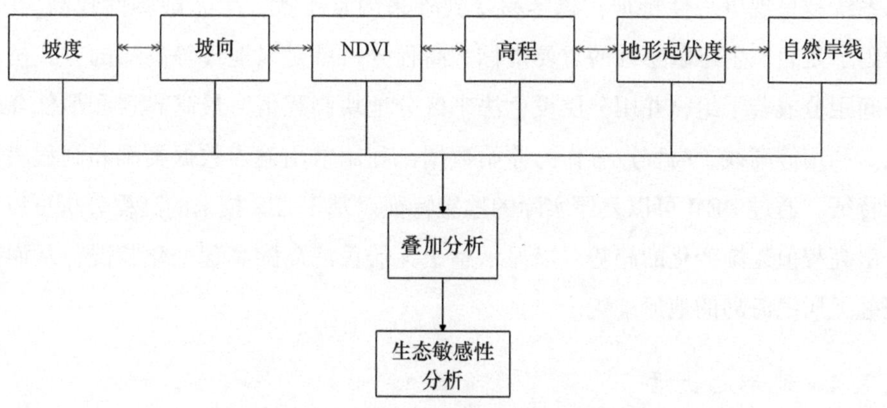

图 5-1 海岛生态敏感性分析技术路线

5.2.2.1 坡度

坡度在地理学中是用来表示地表单元上的高度变化率的量度，其含义是指地表面任意一点的切平面与水平地面之间的夹角。坡度分析在无居民海岛保护和利用规划中，对其地形地势、开发建设等方面的分析都有很大的作用。由于坡度差异，区域内的资源的利用形式和规划特点也存在差异，所以在对无居民海岛进行保护与利用规划时，就必须分析海岛的地形坡度状况，了解地形变化的特征。坡度是海岛生态敏感性评价方面的重要因子，是分析保持无居民海岛整体生态环境必须要考虑的因素。

5.2.2.2 坡向

坡向是地形地貌分析中另一个重要指标，指坡度面对的方向。可以通过对不同坡向的分析，根据所处的经纬度提取出生态比较敏感的区域和适宜开发利用区域的坡向，对无居民海岛保护和利用规划中开发利用区域的选划提供合理的分析研究依据。

在同一规划区域内，海岛坡地受日照时间、风向等因素的影响，其所在地理位置的坡向有所不同。利用 GIS 技术通过 DEM 数据提取坡度信息，分析海岛的坡向图，可得到对应方向的高差，从而更方便地对地形的坡向进行分析研究。

5.2.2.3 高程

高程分析在无居民海岛保护和利用规划中有很大的作用，一般海拔高度越高，生态系统越呈现单一性特征，越容易受到外来因素干扰，生态敏感性越高。因此，高程因子是表征生态敏感性的重要指标。高程分析就是以地理等高线的方式按一定的等间距分成若干组，并用分层设色法来区分地块高程值、最高高程和最低高程等信息。利用等高线、高程点等作为原始数据，利用常用输入数据类型和高程表面的已知特征，通过 DEM 可以复原实际的地貌特征。基于 GIS 技术的高程分析可以明显地看出高程值逐渐变化的趋势，以显示整个无居民海岛的高程变化状况，从而有利于把握无居民海岛的地形地貌。

5.2.2.4 地形起伏度

地形起伏度指标反映了指定区域的地形起伏程度，用区域最高点和最低点的差值表示起伏度指标，是对区域地形变化的一个定量的描述指标。指标值越大，说明区域的地势起伏越大，高低落差明显，地形起伏较大的地区恰恰是无居民海岛地貌景观的集中区域，生态敏感性较高，一般不适合开发利用，而适宜重点保护。同时，地形起伏较大的区域开发利用难度大、成本高。可使用 ArcGIS 软件的邻域计算模块，计算邻域栅格的最大统计值和最小统计值，并利用栅格计算器计算地形起伏度。

5.2.2.5 NDVI

由于无居民海岛远离大陆，交通不便，可达性差，可采用卫星遥感技术手段对无居民海岛植被进行调查。NDVI 是最常用的表征研究区域植被生理状况的参数，通过测量近红外（植被强烈反射）和红光（植被吸收）之间的差异来量化植被，因此可利用 NDVI 评价海岛植被覆盖情况。

（1）数据源选择

①卫星遥感影像应至少拥有近红外和可见光红光 2 个波段，影像分辨率不低于 15 m；

②遥感影像云层覆盖度一般情况下应小于 10%；

③选择每年的 3 月至 9 月，植被生长期的影像。

（2）遥感影像预处理

①辐射定标：将原始 DN 值转化为辐亮度值；

②大气校正：根据卫星类型选用相应的大气校正算法，经大气较正后得到水体的遥感反射率和归一化离水辐亮度；

③几何校正：准确度不低于 1 个像元。

（3）得到海岛遥感影像

利用海岛岸线矢量对遥感图像进行裁剪。去除周边海域背景，得到海岛范围内的遥感影像。

（4）计算海岛 NDVI

NDVI 的计算公式如下：

$$NDVI = (NIR - R)/(NIR + R)$$

式中，NIR 为近红外波段的反射率；R 为红光波段的反射率。

5.2.2.6 自然岸线

无居民海岛自然岸线一般分布有经过长期地貌演变形成的海蚀景观，自然岸线对于维护岛体的稳定起到重要的作用。《海岛保护法》中规定了无居民海岛开发利用应当限制建筑物设施与海岸线的距离。根据国家无居民海岛的用岛政策规定，在无居民海岛开发利用中，将对无居民海岛自然岸线属性的改变列为评估用岛方式级别的重要指标，对自然岸线影响越大，缴纳的海岛使用金额度越高。目前，国家开展“和美海岛”创建工作，对海岛自然岸线保有率也提出了明确的指标。以上都说明了对于海岛自然岸线应该重点保护、限制利用。

5.2.3 基于GIS的海岛生态敏感性评估

5.2.3.1 单因子评估

（1）坡度

坡度较为陡峭的地方往往是陡崖，展现了无居民海岛的险峻地形地貌，生态敏感性高，需要重点保护。而在坡度起伏适宜的地方，生态敏感性相对较低，比较适宜开展适度的开发利用，还可以减少开发利用成本。坡度越大的区域，发生地质灾害的可能性越高，一般25°以上的低丘缓坡土地资源不适宜开发。对于无居民海岛，可针对该海岛的坡度特点进行适当的分级，通常可参考以下标准对坡度进行划分：平坡地（小于5°），低生态敏感区；缓坡地（5°~15°），中生态敏感区；陡坡地（15°~25°），较高生态敏感区；极陡坡地（25°以上），生态敏感区。可在ArcGIS软件平台通过DEM生成坡度图，对坡度进行重分类，按照敏感性等级，给生态敏感区赋值4，较高生态敏感区赋值3，中生态敏感区赋值2，低生态敏感区赋值1。

（2）坡向

坡向分析可通过ArcGIS软件的表面分析工具进行，从0°正北向开始顺时针到360°，分别为东、南、西、北共四个主要方位，具体分为东、东南、西南、西、西北、北、东北共八个基本方向。根据前期的地形地貌分析，进行坡向的分类，对应相应的生态敏感性等级。坡向会影响海岛植物生长和开发利用选址，坡向的差异使区域内接受的日照时长和阳光照射的程度都存在差异，地表温度也会表现出较大差异，对生态敏感性的高低也会起到一定影响，一般无居民海岛的开发利用适宜选在坡向南向、东南向、西南向、东向的区域。

（3）高程

可利用ArcGIS软件对等高线的提取分析，得到海岛地区的高程分析图。GIS技术对等高线的分析是根据不同海岛的最高点数据结合实际情况，按照不同数值的上下波动划分成几个部分，每个部分用不同的符号和颜色标识以形成差别，色调越冷代表高程越低，暖色调则代表地带高程较高。根据海岛的实际情况，通常以5~20 m的标准进行分级。

（4）地形起伏度

对于无居民海岛，可针对该海岛的地形起伏特点进行适当的分级，通常可参考以下标准对地形起伏度进行划分：地形起伏缓和（0～15 m），低生态敏感区；地形起伏一般（15～30 m），中生态敏感区；地形起伏较大（30～45 m），较高生态敏感区；地形起伏剧烈（45 m以上），生态敏感区。按照生态敏感区等级，给低生态敏感区赋值1，中生态敏感区赋值2，较高生态敏感区赋值3，生态敏感区赋值4。

（5）NDVI

NDVI可利用自然断点法，根据海岛的NDVI数值将海岛划分为三个区域，分别为高覆盖区域、中覆盖区域和低覆盖区域。一般将高覆盖区域、中覆盖区域划定为海岛保护区。

（6）自然岸线

对于海岛自然岸线指标，生态敏感性只划分一个级别，使用ArcGIS软件的缓冲区分析功能，以自然岸线为基准，根据无居民海岛的实际情况向陆一侧划定一定距离范围内的区域，应限制开发利用，属于生态敏感区，重点加强保护。

5.2.3.2 因子加权叠加评估

生态敏感因子指标权重可采用专家打分法和层次分析法确定，基于GIS对上述因子赋值后进行加权叠加分析，可得到生态敏感性分级图（表5-1为各因子的参考性赋值，根据不同无居民海岛的具体情况，因子赋值需综合评估确定）。生态敏感性程度越高的区域，越应该得到保护，避免遭到人为破坏；对于生态敏感性相对较低的区域，可在保护的基础上开展适度的开发利用。

表5-1 生态敏感性因子参考性赋值

等级赋值	坡度/（°）	坡向	高程/m	地形起伏度/m	NDVI	自然岸线/m
1	小于5	南	0～10	0～15	0	≥限制距离
2	5～15	东南、西南、东	10～20	15～30	低覆盖区域	—
3	15～25	东北、西北、西	20～30	30～45	中覆盖区域	—
4	25以上	北	30以上	45以上	高覆盖区域	<限制距离

5.2.4 基于生态敏感性的功能分区

根据基于GIS的生态敏感性等级分析，通过对各评价因素和各项生态因子的综合分析，确定海岛的生态敏感性分区，包括生态敏感区、较高生态敏感区、中生态敏感区和低生态敏感区。根据生态敏感性分区情况，一般将生态敏感性较高的区域划为无居民海岛的重点保护区，将生态敏感性较低的区域划为无居民海岛的开发利用区。

（1）重点保护区

为无居民海岛生态敏感性较高的区域，通常是高程数值较大，地形起伏明显，海拔在人们不易到达的区域，且植被覆盖率较高，整体生态环境原生性好，应该重点保护，限制开发利用。重点保护区以保护为目的，在规划时需加强保护力度，对于该区域应尽量保留海岛自然原生态特点。

（2）开发利用区

为海岛生态敏感性较低的区域，该区域主要是指生态环境较不敏感的地区和适宜开发利用的区域，可适度开展对海岛生态影响较小的人为活动，比如建造游人步行道、小型景观建筑等。开发利用区内的规划，要考虑后期对无居民海岛生态环境的保护，做到资源的优化配置，可持续开发利用，生态效益和经济效益兼顾。

在生态敏感性等级评价分析的基础上，为无居民海岛保护和利用规划中的功能分区提供重要依据。基于GIS技术的叠加辅助分析，得到的数据更加科学，使无居民海岛保护和利用规划更加科学合理，功能分区的准确性更高。

5.3 规划利益相关者界定、分类及管理策略

无居民海岛具有重要的生态、政治、文化、社会等价值，是海洋经济的重要载体。自2010年《海岛保护法》实施以来，国家及沿海地方政府相继出台了配套规章制度，无居民海岛保护和利用体制机制逐渐完善，无居民海岛及其生态系统得到了有效的保护。但无居民海岛因其地理位置特殊、面积小、淡水资源少等特点，生态系统较为脆弱，开发利用无居民海岛需要对其进行科学的规划，合理划定保护和利用范围，确定规划目标，制定管理措施。

《海岛保护法》规定，国家实行海岛保护规划制度。海岛保护规划是从事海岛保护、利用活动的依据。我国海岛保护规划可以分为全国海岛保护规划、省域海岛保护规划、市域海岛保护规划、县域海岛保护规划、镇域海岛保护规划以及无居民海岛保护和利用规划（以下简称“单岛规划”）。单岛规划是海岛规划体系中的最后一级规划。根据《无居民海岛开发利用审批办法》等配套制度的相关规定，单岛规划是对拟开发利用无居民海岛编制的保护和利用规划，是政府引导无居民海岛保

护和利用最直接的调控工具。

近年来，无居民海岛的开发利用逐渐受到资本市场的关注，无居民海岛开发利用案例不断增多，但是也存在不少海岛仅编制了单岛规划，却因没有合适的开发主体或有权属争议、利益纠纷等问题无法进一步对海岛进行开发利用的现象。无居民海岛开发利用的不确定性、利益相关者以及开发利用方式的多元性已成为单岛规划编制的重要挑战。为解决此类难题，前人在理论研究及总结实践经验的基础上，提出通过加强公众参与等措施，完善规划编制过程，协调利益相关者利益诉求。利益相关者的作用逐步受到了海岛资源管理者和研究者的重视。进一步对单岛规划利益相关者的概念内涵、界定方法及管理策略进行研究与探索，有助于完善单岛规划管理体系，实现无居民海岛资源的有效保护和可持续利用。

5.3.1 单岛规划利益相关者的概念与内涵

利益相关者是指任何可能影响组织目标实现的群体或个人，或者是在这一过程中受其影响的群体或个人。自20世纪60年代国际斯坦福研究所（Stanford Research Institute，SRI）提出利益相关者理论以来，这一理论便受到经济学家和管理学家的广泛关注，并逐渐成为分析组织机构政策、决策和绩效管理的重要工具。20世纪90年代后，利益相关者理论所蕴含的科学思想和解决问题的思路逐步引起了自然资源管理学家和科学家的重视，并应用于环境科学、生态学、地理学、规划学等相关研究中。在生态环境领域，王晓亮等（2013）认为利益相关者的关联主要基于环境的外部性，并将利益相关者定义为受污染、损害等外部性现象影响的个人或团体。在海洋空间规划研究中，纪盛（2015）认为利益相关者是自身对他人利益产生影响或自身利益受他人影响的组织、个人或群体。在自然资源管理研究中，Pomeroy等（2005）将利益相关者定义为以某种方式参与或受资源开发活动影响的组织、个人或群体。

根据前人关于利益相关者理论的研究，单岛规划利益相关者可视为影响单岛规划目标实现或者受规划目标影响的组织、个人或群体。根据这一定义，单岛规划利益相关者的内涵可以分为两个方面：一是指影响规划目标实现的组织、个人或群体，他们一般是单岛规划的上层设计者和决策者，负责组织或参与单岛规划的编制、发布实施、监督管理等；二是受规划目标影响的组织、个人或群体，他们一般为拟用岛单位或个人、现有无居民海岛使用者以及无居民海岛周边民众和村集体，他们在无居民海岛上的权益将受规划目标影响，开发活动将受到规划目标约束。

5.3.2 单岛规划中利益相关者的识别

根据《海岛保护法》《无居民海岛开发利用审批办法》等法律法规并结合单岛规划利益相关者定义和内涵分析，单岛规划中的利益相关者主要涉及以下几类。

（1）政府

根据《关于印发〈县级（市级）无居民海岛保护和利用规划编写大纲〉的通知》(国海岛字〔2011〕332号)，单岛规划由县级海洋行政主管部门组织编制，并由县级政府批准。县级政府及相关管理部门是规划编制、发布实施和监督管理的主体。但是由于历史遗留原因，部分无居民海岛位于土地利用规划、林地保护利用规划等规划范围内，同时，港航、旅游等相关规划也可能涉及无居民海岛，规划内容存在相互交叉，甚至冲突，在单岛规划编制过程中需要与相关规划加以协调。因此，政府利益相关者群体主要包括县级政府、发展改革、港航、文旅、渔业，以及自然资源与规划等相关部门。

（2）拟用岛单位或个人

单岛规划是对拟开发利用无居民海岛编制的保护和利用规划。由于无居民海岛开发利用所需资金量大、风险高、周期长、成功案例少且海岛使用制度不够完善，无居民海岛开发利用市场需求较小。在实际操作中，往往根据项目用岛需求情况，有针对性地组织开展相关单岛规划的编制工作。但是，相关法律法规在不断完善中，2017年发布实施的《海域、无居民海岛有偿使用的意见》，提出要完善用海用岛市场化配置制度，制定无居民海岛招标、拍卖、挂牌出让管理办法，减少无居民海岛非市场化方式出让。根据无居民海岛开发利用流程与要求，对于经营性用岛，应当通过招标、拍卖、挂牌等方式取得无居民海岛使用权。其他用途的无居民海岛开发利用，应当通过申请审批的方式取得无居民海岛使用权。所以，单岛规划拟用岛单位和个人可以分为两类：一类是市场取向的参与者；另一类是申请审批的参与者，这部分群体或个人将直接从规划中获取利益。

（3）规划编制单位和评审专家

规划编制是一项综合性、政策性和技术性均很强的工作，需要专业团队进行协调决策。自然资源与规划管理部门一般通过招投标等方式确定单岛规划的编制单位。规划报批前，自然资源与规划管理部门还需要聘用相关领域的专家对规划的合理性和可行性进行论证。

（4）特殊利益相关群体和个人

《海岛保护法》出台前，大部分无居民海岛主要由相邻镇或村集体进行管理使用。很多无居民海岛存在不同程度的开发利用活动，同时还可能存在权属、租赁合同等。部分无居民海岛还是沿海渔民季节性养殖的临时居住场所。因此，无居民海岛相邻的村集体、周边的渔民以及拟用岛个人或集体都将受单岛规划的影响，是单岛规划的重要利益相关者之一。

5.3.3 单岛规划中利益相关者分类与管理策略

国内外研究以及相关规划实践证明，规划编制应考虑利益相关者各方的利益诉求，权衡各方利益，并达成规划共识，不能因强调某一方而忽视另一方的利益诉求，只有兼顾经济效益、生态效益和社会效益，规划才具有科学性和实用性，才能发挥其应有的作用。

《海岛保护法》第八条提出，“海岛保护规划报送审批前，应当征求有关专家和公众的意见，经批准后应当及时向社会公布”。随着我国海岛保护制度的完善，利益相关者已逐步参与到单岛规划编制中。但由于利益相关者的利益诉求不同，利益相关者之间必然存在利益冲突。如何协调各方利益、优化分配海岛生态资源和空间资源、使利益相关者实现利益均衡，已成为单岛规划编制中需要考虑的重要问题。研究表明，利益相关者对特定事件的影响力和利益性是不同的，若简单地将利益相关者进行同等对待，均衡利益相关者各方的利益诉求，不仅将造成人力、物力、财力的浪费，还将导致规划变得复杂，影响规划编制进程。所以，需要对利益相关者进行分类，再根据类别和利益诉求，制定不同的管理对策与参与方案。

利益相关者的分类方法主要有米切尔评分法、影响力-利益矩阵分析法等。本书使用后者进行利益相关者分析，影响力-利益矩阵分析法将利益相关者分为四类（如图5-2所示）并提出了指导性的管理策略，分别为：

①高影响力、高利益性利益相关者。该类利益相关者不仅具有很高的影响力，而且与战略决策的关联性极高，直接影响战略决策的制定、实施，同时也需接受战略决策实施绩效考核，是关键利益相关者，需要紧密管理，给予极大程度的关注，并权衡其利益诉求。

②高影响力、低利益性利益相关者。该类利益相关者影响力很高，但与相关战略决策的利益性关联性较低，一般情况下对战略决策会采取积极态度，但是也可能由于突发事件而转变态度，成为第一类利益相关者，管理策略以满足其利益诉求为主。

③低影响力、高利益性利益相关者。该类利益相关者影响力小，但是与战

略决策具有很高的关联性，由于战略决策导致其利益发生变化，该类利益相关者可能通过某些行为对前两类利益相关者产生影响，从而改变他们对战略决策的态度，在管理决策上，要保障该类利益相关者的信息获取通畅，保障他们积极参与决策。

④低影响力、低利益性利益相关者。该类利益相关者的影响力及与战略决策的关联性均很低，利益性小，仅需给予最低程度的关注。值得注意的是，利益相关者的利益性和影响力是动态变化的，尤其在发生突发事件的情况下，利益相关者的利益性和影响力将发生显著改变，可能转变为更为重要的利益相关者。

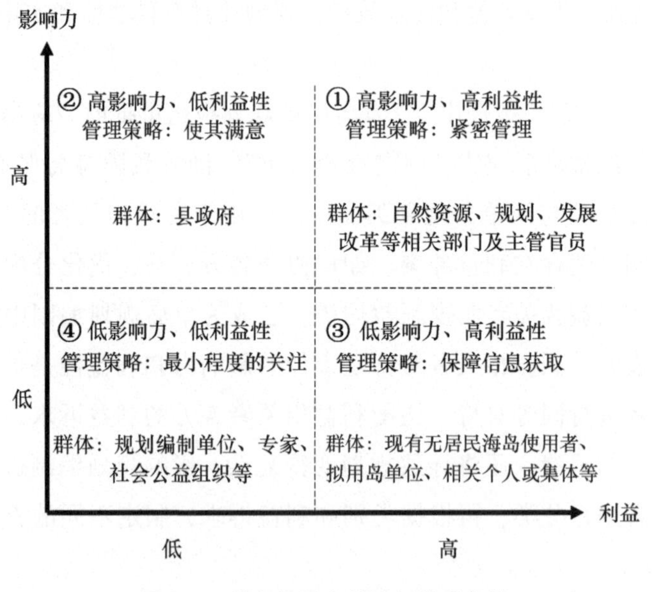

图 5-2　单岛规划中利益相关者分类

根据影响力-利益矩阵，分析得到单岛规划中的利益相关者分类。利益相关者参与单岛规划编制可以增强单岛规划实施的稳定性，有助于单岛规划目标的实现。自然资源与规划、发展改革等相关管理部门和主管官员是单岛规划的关键利益相关者，在规划编制中需要紧密管理，使其参与规划的全过程；县级政府属于第二类利益相关者，在规划编制过程中需充分考虑其利益诉求；现有无居民海岛使用者、海岛周边的渔民或集体以及拟用岛单位或个人属于第三类利益相关者，与单岛规划具有很高的利益关联，需要保障其对规划信息的获取，通畅官方沟通交流渠道，避免因利益冲突发生过激行为；单岛规划的编制单位和个人、规划评审专家、社会公益组织等属于第四类利益相关者，他们游离在单岛规划冲突之外，仅需给予最低程度的关注。

以此分类结果为基础，四类利益相关者的利益诉求及管理策略如下。

（1）高影响力、高利益性利益相关者利益诉求分析与管理策略

高影响力、高利益性利益相关者是单岛规划的关键利益相关者，主要包括自然资源与规划、发展改革、港航、文旅、渔业等相关行政管理部门及主管官员。自然资源与规划部门是规划编制、实施和绩效考核的主体，是单岛规划利益冲突协调的关键部门，其主要利益诉求一般为按时完成单岛规划编制，并确保规划的科学性和实用性。发展改革部门是拟用岛项目的立项审批部门，同时也是地方发展规划的制定者，其利益诉求一般为确保规划可满足地方发展和项目建设需求。其他部门的利益诉求一般为落实相关规划（旅游、港航等）指标，避免与相关规划在管理上产生矛盾与冲突。

对该类利益相关者在管理策略上要执行“紧密管理”策略，在单岛规划编制过程中通过访谈或咨询会等形式与该类利益相关者充分地对接、交流，让其参与规划的全过程，保证其了解单岛规划内容、目标，并与其解释相关政策或技术要求，协调解决与相关规划的冲突问题。同时，要充分考虑单岛规划的分区结果、规划目标以及管控措施是否能被其所接受。

（2）高影响力、低利益性利益相关者利益诉求分析与管理策略

单岛规划高影响力、低利益性利益相关者主要为县级政府。单岛规划由县级政府批准发布，县级政府具有较高的影响力，但与单岛规划利益关联小，只要单岛规划不影响其利益，县级政府不会主动干涉规划编制。

对该类利益相关者在管理策略上执行“使其满意”策略，即在现行无居民海岛管理体制机制下，满足县级政府现有利益诉求，减少频繁调整、修编单岛规划的可能性（频繁地调整、修编单岛规划将直接影响政府的公信力，使其转变态度）。

（3）低影响力、高利益性利益相关者利益诉求分析与管理策略

单岛规划低影响力、高利益性利益相关者主要包括现有无居民海岛使用者、海岛周边的渔民或集体以及拟用岛单位或个人，此类利益相关者影响力低，但因单岛规划与其切身利益直接相关，具有很高的利益性，在某些情况下，可能出于保护自身利益需要而采取过激行为。其利益诉求一般为单岛规划可以使其既有利益增值或至少不对其既有利益产生影响，若有影响及时提供补偿。此类利益相关者也是后期无居民海岛开发利用中需要重点关注、协调的一类利益相关者。

对该类利益相关者在管理策略上需执行“保障信息获取”策略，在规划编制后期，多地点、多形式（网络、报纸等）对单岛规划信息进行公示，包括用岛规划条

件、用岛补偿方案和标准等，使该类利益相关者能充分获得与其利益相关的信息，并提供反馈渠道，及时答疑解惑，使其能够通过官方途径保护自身的合法权益，避免激化矛盾，产生过激行为。

（4）低影响力、低利益性利益相关者利益诉求分析与管理策略

单岛规划低影响力、低利益性利益相关者主要包括单岛规划的编制单位和个人、规划评审专家、社会公益组织等。此类利益相关者影响力及与规划的利益关联性均较低，游离在利益冲突之外，在其转变为更为重要的利益相关者之前，仅需给予最低程度的关注。

第 6 章

无居民海岛开发利用具体方案

6.1 开发利用具体方案要求

6.1.1 总体要求

开发利用具体方案是用岛申请人开发利用无居民海岛的具体实施计划和安排，是管理部门监视、监测用岛情况的重要依据。开发利用具体方案需详细阐述工程平面布局和用岛范围、工程建设内容和采用的工艺方法、拟采取的生态保护方案和开展的监视监测计划。

根据国家对开发利用无居民海岛具体方案的相关规定，编制无居民海岛开发利用具体方案应明确以下内容：一是依据有关法律法规、规划、技术标准和规范，合理确定用岛面积、用岛方式和布局、开发强度等，集约、节约利用海岛资源；二是合理确定建筑物、设施的建设总量、高度以及与海岸线的距离，并使其与周围植被和景观相协调；三是明确海岛保护措施，建立海岛生态环境监测站（点），防止开发利用中废水、废气、废渣、粉尘、放射性物质等对海岛及其周边海域生态系统造成破坏。其中，《浙江省无居民海岛开发利用管理办法》还规定：开发利用具体方案应当包括建筑总量、建筑物高度、容积率，对自然资源和自然景观的保护措施，以及使用自然岸线长度要求等。

根据国家对无居民海岛开发利用具体方案的相关文件规定，无居民海岛开发利用具体方案编写需要遵循以下总体要求：

①无居民海岛开发利用应遵循保护优先、合理开发、永续利用、集约节约、绿色低碳的原则，科学布局工程建设内容，合理确定开发强度，同时严守生态红线，提出切实可行的生态保护方案并实施。

②无居民海岛开发利用具体方案是国务院和省级人民政府审批项目用岛的重要内容，也是各级海洋行政主管部门实施海岛用途管制、海岛生态保护、事中事后监管的主要依据。具体方案的编制应符合《海岛保护法》《无居民海岛开发利用审批办法》《全国海洋主体功能区规划》、各级海岛保护规划、海洋功能区划、海洋生态红线，以及其他有关法定规划、政策和技术规范等的要求。具体方案深度应达到工程可行性研究阶段要求。

③具体方案中的工程建设方案，应重点阐明项目的平面布局、建筑物及设施的体量和主要结构形式，水、电、交通等配套工程建设方案。方案应鼓励利用绿色环保、低碳节能、生态友好型的施工方式与生产工艺；鼓励利用海洋能、太阳能等可再生能源和雨水集蓄、海水淡化、废弃物再生利用等技术；限制建筑物、设施的建设总量、高度以及与海岛岸线的距离，使其与周边植被和景观相协调。

④具体方案中的生态保护方案，应结合项目特点和无居民海岛生态特征，制定有针对性的建设和运营期的海岛整体生态保护方案，将海洋生态红线区、沙滩、珍稀濒危与特有物种及其生境、自然景观和历史、人文遗迹列为保护对象，划定保护范围、明确保护措施和保护要求。

明确废水、废气、废渣、粉尘、放射性物质等处置方案。无居民海岛开发利用过程中产生的废水应100%达标处置，产生的固体废物，应按照规定进行无害化处理、处置，禁止在岛上弃置或者向周边海域倾倒。

6.1.2 具体方案编写大纲及要求

6.1.2.1 无居民海岛的基本情况

简要说明项目所在海岛的标准名称、地理位置、所处行政区、类型、岸线长度、面积、海拔高度、近陆距离等（附海岛地理位置图）。

6.1.2.2 项目基本情况

（1）项目建设内容

阐明项目的名称、性质、功能和地理位置（附项目在海岛上的区位图）；阐述建设内容、规模、资金来源等。当项目属于改建、扩建时，应说明已建项目的建设规模、总体布置、权属状况、实际开发利用情况等。

（2）项目用岛情况

明确项目所占用的海岛面积（包括用岛面积和用岛投影面积）、坐标、用岛类型、用岛方式和使用年限、占用岸线和新增岸线，附位置图、分类型界址图等图件。

（3）项目用海情况

项目如涉及占用海岛周边海域时，应简要介绍涉及海域在海洋功能区划中的功能定位，项目用海面积、用海类型和用海方式，附宗海位置图和宗海界址图。

6.1.2.3 工程建设方案

（1）项目用岛的平面布局

阐明项目的总体平面布局和景观设计。明确各用岛区块的名称、在总体布局中的位置、用岛区块之间的相互关系、各用岛区块面积，附项目平面布置图。石油、化工、煤炭、核电等项目用岛，以及其他危险品项目用岛须提供开发利用具体方案效果图。

（2）主要建筑物与设施

说明建筑物和设施的体量（包括建筑物和设施占岛面积、建筑面积、高度、建筑密度、容积率、与海岸线距离等），主要建筑物和设施的典型结构型制、尺度，附建筑物和设施布置图、典型断面图等图件。

（3）配套工程

说明用岛项目水、电、交通等配套工程的位置、布局、供给方式与供给能力等，并附平面布置图。

6.1.2.4 主要工艺与方法

阐述各项建设工程的主要施工方案、施工方法、主要工程量、土石方平衡、物料来源、建设时序等，编制项目施工计划进度表，并阐明主要生产工艺。

6.1.2.5 生态保护方案

生态保护方案应包括建设过程中和运营期的生态保护方案或措施，涉及海洋生态红线区、沙滩、珍稀濒危与特有物种及其生境、自然景观、历史人文遗迹的区域，应列为保护对象，划定保护范围、明确保护措施和保护要求。

(1) 地形地貌的保护方案

阐述具体方案采取的减少对海岛地形地貌、海岸线和沙滩等影响的保护措施或整治修复方案（包括工程量及效果），其中：涉及严重改变地形地貌的项目用岛，或在施工过程中对地形地貌造成严重破坏的，提出保护海岛地形地貌的生态修复方案和生态补偿方案；占用自然岸线的项目用岛，应结合项目实际，提出生态化保护与修复方案，提高新形成岸线的生态化、绿色化、自然化水平；对优质沙滩，典型地质地貌景观和历史人文遗迹、生态功能与资源价值显著的海岛岸线，严格限制改变海岸自然形态和功能；项目用岛可能会对其产生影响的，应提出有针对性的保护方案。

(2) 植被保护方案

阐述项目用岛采取的减少对海岛植被影响的措施或植被修复方案（包括工程量及效果）。当项目用岛区域分布有特有植物时，制定相应的就地保护方案，确需移植的，应制定切实可行的迁地保护方案，并对种质资源采取相应的收集和保持措施。

(3) 典型生态系统、珍稀濒危与特有物种保护方案

对分布有重要滨海湿地、珊瑚礁、红树林、海草（藻）床等典型生态系统以及珍稀濒危与特有物种的海岛，应提出避免或减少对其影响的保护措施；确有影响的，应提出修复与保护方案或生态补偿方案。

(4) 海岛水资源保护方案

当海岛存在淡水资源且用岛可能会影响到淡水资源时，项目应进行避让，避免对海岛淡水资源造成影响；阐明项目用岛淡水涵养措施，不得超采地下水。

(5) 废水处理方案

《海岛保护法》第三十三条规定：“无居民海岛利用过程中产生的废水，应当按照规定进行处理和排放。无居民海岛利用过程中产生的固体废物，应当按照规定进行无害化处理、处置，禁止在无居民海岛弃置或者向其周边海域倾倒。”

因此，方案需阐述项目用岛污（废）水的处理方式、处理能力、处理标准，再生水回用方案等（附废水处理设施平面布置图）。

（6）固体废弃物处理方案

阐述项目用岛的固体废弃物收集处理方案，包括垃圾处理方式、能力、标准，环境卫生设施的数量、位置、布局等（附固体废弃物处理设施平面布置图）。

（7）废气与粉尘等的处理措施

阐述项目用岛的废气、粉尘、放射性物质等排放的主要成分、浓度、标准、总量；噪声、震动、光辐射、电磁辐射等的强度与标准；说明主要处理措施或装置等。

（8）周边海域生态环境的保护措施

当项目用岛对周边海域生态产生影响时，应提出减少对其影响的保护措施或方案。如果影响难以避免，应提出生态补偿方案。

（9）其他保护措施

项目用岛涉及助航导航、测绘、气象、海洋监测等公益设施的，应提出减少对其影响的保护措施。说明项目用岛在节能减排、低碳环保方面所采取的措施和方法。

6.1.2.6 海岛生态监测站（点）布局与监测计划

对石油、化工、煤炭、核电等项目用岛，以及其他危险品项目用岛，提出海岛生态环境监测设施建议及配套能力建设内容，明确海岛及周边海域生态监测站点布局、监测内容、监测方法和频次，并附生态监测站（点）布局图。其他项目用岛应提出相应的跟踪监测计划，视情况建设。

6.1.2.7 附图

附图一般应包括海岛地理位置图、项目用岛位置图、平面布置图、分类型界址图、建筑物和设施布置图、岸线使用图、典型断面图、开发利用具体方案效果图、宗海位置图和宗海界址图（涉及用海的项目要提供）、供排水设施与管（线）网平面布置图、电力及能源设施与管（线）网平面布置图、交通设施平面布置图、固体废弃物处理设施平面布置图、保护对象分布及保护范围图、生态监测站（点）布局图等。

6.1.3 其他要求

（1）数据资料可靠性要求

海洋资源、环境和生态现状分析测试数据应由具有国家级、省级计量认证或实验室认可资质的单位提供。社会经济发展状况资料以所在地人民政府职能部门统计和发布的最新数据资料为准。海岛保护规划、相关规划与区划应现行有效。海岛及周边海域开发利用现状资料应经实地调访、勘查获取和核实。

（2）数据资料时效性要求

通过收集、现状调查和现场勘查等途径获取的数据资料应能客观反映当前海岛和海域的状况。海岛与海洋资源、环境和生态现状等资料应采用三年以内（按年度计算）调查获取的资料。当地社会经济发展状况资料应采用两年以内（按年度计算）的统计资料。遥感影像应采用能清晰反映论证范围内海岛和周边海域开发利用现状的最新资料。

（3）图件要求

具体方案的相关图件应清晰，有相关人员的亲笔签名并加盖单位印章，并符合相关标准和设计要求。

6.2 无居民海岛开发利用方案相关指标计算

《无居民海岛开发利用测量规范》规定了无居民海岛开发利用的测量活动，包括开发利用界址点、用岛面积、建筑物和设施占岛面积、建筑面积和高度等内容测量的基本要求。其中，界址点指用于界定无居民海岛开发利用范围及界线的拐点；用岛面积指无居民海岛开发利用范围内的自然表面形态面积；占岛面积指建筑物和设施外缘线围成区域的水平投影面积。根据《无居民海岛开发利用测量规范》，无居民海岛开发利用对于测量基准、精度、仪器、测量单位、开发利用的面积、体积、岸线长度测量等都有明确的要求。

6.2.1 测量基本要求

对于无居民海岛开发利用测量坐标系统，要求采用 2000 国家大地坐标系（CGCS2000）。测量精度规定：界址点的点位中误差不超过±0.1 m；建筑物和设施边长中误差不超过±（0.05 m+d/10 000），高度中误差不超过±（0.05 m+h/1000），其中 d 和 h 分别表示建筑物和设施的边长和高度。

在测量仪器方面，无居民海岛开发利用测量可使用全球导航卫星系统（Globe Navi-gation Satellite System）、激光探测雷达（Light Detection And Ranging）、全站仪、测距仪等仪器设备。测量仪器应满足如下要求：性能指标应能满足测量精度要求；应经计量检定机构检定校准，且在有效期内。

承担无居民海岛开发利用测量任务的单位，应当依法取得相应测绘资质证书，并且应在规定的有效期内。测量人员应能熟练使用测绘仪器，熟悉相关的测量规范和无居民海岛开发利用管理规定。

6.2.2 测量方法

6.2.2.1 测量内容

测量内容主要包括四个方面：一是界址点测量，包括用岛范围拐点的测量；二是用岛面积计算；三是建筑物和设施占岛面积、建筑面积计算，建筑物和设施高度测量；四是土石采挖量、岸滩和植被减少面积、海岛岸线改变长度计算。

6.2.2.2 测量方法

（1）界址点测量

界址点测量的关键是明确用岛范围，需以申请开发利用无居民海岛的用岛范围为界，对用岛范围的界线进行界定。当已有的图件坐标精度不符合规范要求的时候，应进行现场实测。因此，界定用岛范围、界址点的选取是关键，用岛范围自然形态明显转变的拐点应作为界址点。对于局部用岛的，除海岛岸线部分，用岛范围拐点应经管理部门和用岛申请人现场确认后，设置混凝土或钢质界桩。

界址点施测应采用全球导航卫星系统定位法，对于现场条件不满足定位精度要求的，应采用解析交会法。具体方法按照《全球定位系统实时动态（RTK）测量技术规范》（CH/T 2009—2010）、《工程测量标准》（GB 50026—2020）等标准规范要求执行。

界址点测量资料应及时整理，外业测量资料和内业资料分别按照《1∶25 000 1∶50 000 1∶100 000 地形图航空摄影测量外业规范》（GB/T 12341—2008）以及《1∶25 000 1∶50 000 1∶100 000 地形图航空摄影测量内业规范》（GB/T 12340—2008）的要求处理。根据检查合格后的实测数据，确定界址点的坐标，坐标采用大地坐标（×××°××′××.×××″）形式表示。

（2）建筑物和设施测量

建筑物和设施的测量包括两项内容：一是建筑物和设施的高度测量。对建筑物高度的测量要求如下：对于平面屋顶的建筑物和设施，应测量屋顶楼面到室外地坪的相对高度；对于坡屋面或其他曲面屋顶的建筑物和设施，应测量屋顶最高点至室外地坪的相对高度。可采用实地垂线丈量法、光电测距法、三角高程法等方法测量建筑物和设施高度。二是建筑物和设施边长测量。采用实地丈量法、光电测距法等方法测量建筑物和设施外缘线投影的边长。具体按照《房产测量规范》（GB/T

17986—2000）的方法与精度要求执行。

（3）周边海域测量

无居民海岛开发利用涉及周边海域的，周边海域测量按照《海域使用面积测量规范》（HY/T 070—2022）的要求执行。

6.2.3 面积、体积和长度计算

（1）用岛面积计算

基于构建的无居民海岛数字高程模型，对用岛面积进行计算。依据无居民海岛地形构建的数字高程模型，比例尺需不小于1：5000，计算求得用岛范围自然表面形态面积。海岛自然表面形态面积小于海岛投影面积的，用岛面积按海岛投影面积计算。用岛范围涉及海岛岸线的部分，以海岛岸线为用岛范围边界。海岛岸线通过实际测量或者有效图件提取获得，测量精度不低于构建的数字高程模型精度。

（2）海岛投影面积计算

海岛投影面积根据海岛岸线围成区域的水平投影面，采用平面解析法计算得到。

（3）建筑物和设施占岛面积计算

建筑物和设施占岛面积根据建筑物和设施外缘线围成区域的水平投影面，采用几何图形计算方法得到，具体方法按照《房产测量规范》（GB/T 17986—2000）执行。

（4）建筑物建筑面积计算

建筑物建筑面积按照《建筑工程建筑面积计算规范》（GB/T 50353—2005）的要求执行。

（5）其他数值计算

①岛体体积和土石采挖量计算。利用构建的数字高程模型，与岛体、土石采挖范围准确叠置，计算岛体体积、土石采挖量。涵洞式或坑道式采挖，按实际土石采挖量计算。

②岸滩和植被面积及减少面积计算。岸滩和植被（含乔木、灌木、草地三种类型）面积、减少范围应当现场实测获取。面积较大不能实测获取的，按构建的数字高程模型，与岸滩和植被覆盖范围、减少范围叠置，分别计算岸滩和植被覆盖的自然表面形态面积、减少范围自然表面形态面积。

③海岛海岸线长度及改变长度计算。海岛海岸线（含自然岸线和人工岸线两种类型）长度及改变长度应当依据现场实测数据计算。海岛海岸线实测范围为多年平均大潮高潮时海洋与海岛分界的痕迹线。确实不能实测的，使用高分辨率卫星或航

空遥感影像获取。

6.2.4 测量成果

测量成果包括测量报告、测量成果表和测量成果图件。

（1）测量报告

测量报告应包括但不限于如下内容：

①无居民海岛位置、自然地理条件、用岛范围概况等；

②测量人员、测量时间、仪器设备、测量基准、测量方法、测量精度分析等；

③数据处理方案、所采用的软件、投影方式等；

④测量成果；

⑤质控措施。

（2）测量成果表

测量成果表记录经处理和检验后的测量成果数据，包括界址点、用岛面积、建筑物和设施占岛面积、建筑面积和高度等。

（3）测量成果图件

测量成果图件包括无居民海岛开发利用的用岛范围图、建筑物和设施布置图。图件投影采用高斯-克吕格投影，以与用岛范围中心相近的 0.5°整数倍经线为中央经线。

①用岛范围图。用岛范围图表示无居民海岛在海区中的位置，及用岛范围在无居民海岛上的位置。应包括基础地理要素、海岛岸线和用岛范围、用岛范围拐点编号及坐标。对于同一个用岛项目，拐点编号以该用岛范围最西端为起点，按顺时针从“1”开始，连续顺编。

②建筑物和设施布置图。建筑物和设施布置图表示用岛范围内建筑物和设施的分布。应包括建筑物和设施的名称、编号、分布位置和占岛面积，建筑物和设施代码按从北到南、从西到东的顺序，从“1”开始，连续顺编。

6.3 无居民海岛开发利用具体方案中的用岛类型、方式与期限

6.3.1 无居民海岛用岛类型

依据国家对于无居民海岛开发利用的相关文件和规范要求，根据无居民海岛开发利用项目主导功能定位，将用岛类型划分为九类，包括旅游娱乐用岛、交通运输

用岛、工业仓储用岛、渔业用岛、农林牧业用岛、可再生能源用岛、城乡建设用岛、公共服务用岛和国防用岛（表6-1）。

表6-1 无居民海岛开发利用用岛类型分类

类型编码	类型名称	界定
1	旅游娱乐用岛	用于游览、观光、娱乐、康体等旅游娱乐活动及相关设施建设的海岛
2	交通运输用岛	用于港口码头、路桥、隧道、机场等交通运输设施及其附属设施建设的海岛
3	工业仓储用岛	用于工业生产、工业仓储等的海岛，包括船舶工业、电力工业、盐业等
4	渔业用岛	用于渔业生产活动及其附属设施建设的海岛
5	农林牧业用岛	用于农、林、牧业生产活动的海岛
6	可再生能源用岛	用于风能、太阳能、海洋能、温差能等可再生能源设施建设的经营性海岛
7	城乡建设用岛	用于城乡基础设施及配套设施等建设的海岛
8	公共服务用岛	用于科研、教育、监测、观测、助航导航等非经营性和公益性设施建设的海岛
9	国防用岛	用于驻军、军事设施建设、军事生产等国防目的的海岛

6.3.2 无居民海岛用岛方式

依据国家对于无居民海岛开发利用的相关文件和规范要求，无居民海岛用岛方式根据用岛活动对海岛自然岸线、表面积、岛体和植被等的改变程度划分为六种，包括原生利用式、轻度利用式、中度利用式、重度利用式、极度利用式、填海连岛与造成岛体消失的用岛，具体见表6-2。

表6-2 无居民海岛开发利用用岛方式分类

方式编码	方式名称	界定
1	原生利用式	不改变海岛岛体及表面积，保持海岛自然岸线和植被的用岛行为
2	轻度利用式	造成海岛自然岸线、表面积、岛体和植被等要素发生改变，且变化率最高的指标符合以下任一条件的用岛行为： （1）改变海岛自然岸线属性≤10%； （2）改变海岛表面积≤10%； （3）改变海岛岛体体积≤10%； （4）破坏海岛植被≤10%

续表

方式编码	方式名称	界定
3	中度利用式	造成海岛自然岸线、表面积、岛体和植被等要素发生改变，且变化率最高的指标符合以下任一条件的用岛行为： （1）改变海岛自然岸线属性>10%且<30%； （2）改变海岛表面积>10%且<30%； （3）改变海岛岛体体积>10%且<30%； （4）破坏海岛植被>10%且<30%
4	重度利用式	造成海岛自然岸线、表面积、岛体和植被等要素发生改变，且变化率最高的指标符合以下任一条件的用岛行为： （1）改变海岛自然岸线属性≥30%且<65%； （2）改变岛体表面积≥30%且<65%； （3）改变海岛岛体体积≥30%且<65%； （4）破坏海岛植被≥30%且<65%
5	极度利用式	造成海岛自然岸线、表面积、岛体和植被等要素发生改变，且变化率最高的指标符合以下任一条件的用岛行为： （1）改变海岛自然岸线属性≥65%； （2）改变岛体表面积≥65%； （3）改变海岛岛体体积≥65%； （4）破坏海岛植被≥65%
6	填海连岛与造成岛体消失的用岛	

6.3.3 无居民海岛用岛期限

根据《无居民海岛开发利用审批办法》的规定，无居民海岛使用最高期限，参照海域使用权的有关规定执行。

根据《中华人民共和国海域使用管理法》第二十五条规定，海域使用权最高期限，按照下列用途确定：

①养殖用海十五年；

②拆船用海二十年；

③旅游、娱乐用海二十五年；

④盐业、矿业用海三十年；

⑤公益事业用海四十年；

⑥港口、修造船厂等建设工程用海五十年。

在沿海省份中，浙江对于无居民海岛开发利用的使用权最高期限做出了相关的规定。根据《浙江省自然资源厅关于加强无居民海岛开发利用申请审批管理工作的通知》（浙自然资规〔2018〕3号）的规定，无居民海岛使用权最高期限，按照下列用途确定：①养殖用岛15年；②拆船用岛20年；③旅游、娱乐用岛25年；④盐业、矿业用岛30年；⑤公益事业用岛40年；⑥港口、修造船厂等建设工程用岛50年。国家另有规定的，从其规定。

第 7 章

无居民海岛开发利用项目论证报告

7.1 总体要求

无居民海岛开发利用项目论证是针对无居民海岛开发利用具体方案涉及的项目用岛情况、工程建设方案、主要工艺与方法、生态保护方案开展的论证，以确保用岛项目在保护无居民海岛的前提下能以最生态、集约、可行的开发方案实施。

根据国家对无居民海岛开发利用项目论证相关文件的规定，无居民海岛开发利用项目论证报告的编写需要遵循以下总体要求：

①无居民海岛开发利用项目论证报告是通过对用岛必要性和开发利用具体方案的科学性、合理性和可行性研究，提出该项目是否可行，为开发利用审查批准提供科学依据。论证报告应在自然资源和生态系统本底调查基础上，按照保护优先、合理开发、永续利用、集约节约、绿色低碳的原则，依法、依规、科学、客观、公正地编制。

②论证报告重点论证无居民海岛开发利用的必要性、开发利用具体方案的合理性、对海岛及其周边海域生态系统的影响；对海岛植被、自然岸线、岸滩、珍稀濒危与特有物种及其生境、自然景观和历史、人文遗迹等保护措施的可行性、有效性

等内容。

③论证报告应注重从源头上预防项目用岛对海岛生态系统造成破坏，突出对生态海岛开发利用模式的引导作用。对不符合各级海岛保护规划、海洋生态红线及其他政策、技术标准规范等要求的，或存在重大环境、生态制约因素、生态影响不可接受、生态保护方案不满足海岛生态保护要求的，应提出项目用岛不可行的结论。

④论证报告对项目用岛面积、用岛方式、用岛类型、主要施工方式和生产工艺没有体现生态海岛开发利用模式要求的，应提出改进优化的建议。

7.2 论证报告编写大纲及要求

7.2.1 概述

（1）论证工作由来

简要介绍论证任务的来源及论证报告编制工作的相关背景情况。

（2）论证依据

列举论证报告编制过程中依据的法律法规、技术标准和规范、相关规划区划，以及其他基础资料等。

（3）论证范围

论证范围应覆盖项目所在的整个无居民海岛陆域和项目用岛可能影响到的周边海域。项目涉及占用海岛周边海域的，应按照《海域使用论证技术导则》的要求确定海域论证范围。论证范围应以平面图方式标示，说明论证范围和论证面积等内容。

（4）项目申请用岛情况

根据项目用岛申请材料，说明项目在海岛上的具体区位，明确项目所占用的海岛面积（包括用岛面积和用岛投影面积）、用岛类型、用岛方式、使用年限、占用海岸线的长度、类型和比例等。

项目涉及占用海岛周边海域的，应给出用海面积、用海类型、用海方式和用海年限等。

（5）必要性分析

①项目建设必要性。根据区位条件、当地经济状况、产业布局及发展方向、建设需求等，分析说明项目建设的必要性和意义。

②项目用岛必要性。根据项目用岛类型、规模和项目总体布置，结合所在海岛及其周边区域资源环境条件、区位特点，从资源、生态、环境、安全、经济效益、

海岛的支撑条件和制约条件等方面，综合论证项目用岛的理由和必要性。

7.2.2 项目所在海岛概况

（1）海岛及其周边海域自然环境概况

说明项目所在海岛的标准名称、地理位置、所处行政区、类型、岸线长度、面积、海拔高度、近陆距离等（附海岛地理位置图）。

简要说明海岛及其周边海域的气候条件、水文动力状况、地形地貌与冲淤状况、自然灾害、工程地质状况等。

（2）海岛及其周边海域资源、生态本底概况

简要说明海岛及其周边海域资源条件（包括植被、淡水、沙滩、矿产等）的概况，涉及项目需要使用的资源应当重点阐述。

简要说明海岛及其周边海域的生态本底现状，阐明重要的生态系统和特殊生境、需要特殊保护的自然保护区、珍稀濒危生物和海岛特有动植物、古树名木等的分布和特征。详细的调查资料需按有关规范装订成册。

（3）海岛及其周边海域开发利用现状

简要介绍海岛所在行政区域的社会经济基本情况。阐明项目所在海岛及周边海域开发利用活动的位置、类型、方式、规模、权属，以及与本用岛项目的位置关系等，还应附开发利用现状图。

7.2.3 项目用岛对海岛及周边海域的影响

（1）项目用岛对海岛地形地貌的影响

阐明项目用岛对海岛地形地貌的影响范围和程度，分析项目用岛对海岛自然表面形态特征、高度等的影响；分析项目占用岸线对海岛及周边海域生态功能的影响；分析项目用岛对沙滩面积、形态、质量和冲淤变化等的影响。

（2）项目用岛对海岛植被的影响

分析海岛开发利用对植被占用或影响的面积、影响方式、影响程度。

（3）项目用岛对海岛水资源的影响

分析项目用岛对岛上淡水的占用、消耗及其可能产生的水环境影响，给出影响范围和程度。

（4）项目用岛对典型生态系统的影响

分析项目用岛对滨海湿地、珊瑚礁、红树林、海草（藻）床等典型生态系统的影响方式、影响范围和程度。

(5) 项目用岛对周边海域生态环境的影响

简要分析项目用岛对周边海域水质、沉积物质量、生物、生态环境的影响，给出影响范围和程度，对生态损害价值进行评估。

(6) 项目用岛对其他资源生态的影响

分析项目用岛对其他资源生态（如珍稀濒危与特有物种及其生境、自然景观和历史、人文遗迹等）的影响。对涉及鸟类栖息地、迁徙停歇地的海岛，应重点分析项目用岛对鸟类的影响。

7.2.4 项目用岛协调分析

(1) 项目用岛对海岛及周边海域开发活动的影响分析

分析项目用岛对海岛及周边海域开发活动的影响方式、影响时间、影响范围和程度等，绘制资源环境影响范围与开发利用现状的叠置图，注明受影响的开发活动。

(2) 利益相关者的界定

界定项目用岛的利益相关者，分析利益相关内容、涉及范围等，并绘制利益相关者分布图。项目用岛过程中涉及对国土、林业、交通、水利、测绘、气象等的影响，应将上述相关管理机构界定为协调对象。

列出项目用岛的利益相关者一览表（一般包括利益相关者名称、相对位置关系、利益相关内容、损失程度等内容）。

(3) 相关利益协调分析

分析项目用岛与各利益相关者的矛盾是否具备协调途径和机制，分别提出具体的协调方案，明确协调内容、协调方法和协调责任等，已达成的协议应作为论证报告附件。

项目用岛需要与国土、林业、交通、水利、测绘、气象等管理部门进行协调的，应明确协调方式和内容等。

(4) 项目用岛对国防安全和国家海洋权益的影响分析

分析项目用岛对国防安全、军事活动、海洋权益是否存在影响。若项目用岛有碍于国防安全和军事活动的开展，或有碍国家海洋权益，或涉及领海基点等，应提出调整或取消项目用岛的建议。

7.2.5 与相关规划、区划符合性分析

(1) 项目用岛与海岛保护规划的符合性分析

分析论证项目用岛类型是否符合各级海岛保护规划对海岛的功能定位，是否满

足海岛分区保护和分类保护的管理和保护要求，附相关规划图件（包括项目用岛平面布局与可开发利用无居民海岛保护与利用规划叠置图）和规划登记表。

（2）项目用岛与海洋功能区划等法定规划的符合性分析

根据项目用岛的选址、规模、布局等，分析项目用岛与海洋功能区划、海洋主体功能区规划、生态红线、环境保护规划、城乡规划等相关区划、规划的符合性，附相关图件。

7.2.6 工程建设方案合理性分析

（1）占岛区位的合理性

根据海岛保护要求和分区控制要求等，分析项目占岛区位的合理性、自然资源和生态环境的适宜性等。

（2）用岛方式的合理性

依据项目建设特点，分析项目用岛方式是否有利于保持海岛基本属性，是否有利于保护海岛生态系统，是否有利于对海岛保护对象的保护，是否最大限度地降低对海岛及周边海域生态环境的影响。

（3）平面布置的合理性

分析项目用岛平面布置是否体现了集约、节约用岛的原则，是否满足距离海岸线、沙滩距离的要求；平面布局是否符合生态红线管控要求等，是否满足相关产业的平面设计规范要求；平面布置是否体现生态设计理念，绿地率、生态廊道比例、建筑密度等是否符合相关生态设计标准和规范要求。

分析项目用岛的布局、建筑物和设施是否与海岛整体风貌、周围植被和景观相协调。

（4）用岛面积和占用岸线的合理性

根据项目建设规模以及相关行业技术标准等，量化分析建筑物和设施占岛面积、用岛区块面积和整个项目用岛面积的合理性。项目占用海岸线时，应分析占用海岸线是否必要、合理，是否满足海岛自然岸线保有率和砂质海岸保护管控目标和要求。

（5）用岛年限的合理性

以建筑物与设施的主体结构、主要功能的设计使用（服务）年限等作为依据，以法律法规的规定作为判断标准，分析项目申请的用岛期限是否合理。

（6）施工方式和生产工艺的合理性

根据具体用岛的施工工艺和生产工艺，分析工艺方法是否满足相关规范和清洁生产要求，是否采用了生态型、环境友好型施工工艺，以及绿色环保和低碳节能等生产工艺。

7.2.7 生态保护方案有效性分析

(1) 地形地貌保护方案的有效性

对涉及严重改变地形地貌的用岛项目，分析所采取的保护海岛地形地貌的生态建设方案是否合理有效，是否最大限度地保护海岛地形地貌的原始性和多样性。

对占用自然岸线的用岛项目，分析所采用的岸线利用方案是否满足生态化利用要求，能否体现新形成岸线的生态化、绿色化、自然化。

对优质沙滩、典型地质地貌景观和历史人文遗迹、生态功能与资源价值显著的海岛岸线，严格限制改变海岸自然形态和功能。项目用岛可能会对其产生影响的，应分析提出的保护措施是否可行、有效，是否能够最大限度地减少对海岸自然形态和功能的影响。

(2) 植被保护方案的有效性

分析开发利用具体方案所采取的减少对海岛植被影响的措施或植被修复方案是否可行、有效，是否会导致特有物种消失或引起外来物种入侵等。

(3) 典型生态系统、珍稀濒危及特有物种保护方案的有效性

分析开发利用具体方案中对滨海湿地、红树林、珊瑚礁、海草（藻）床等典型生态系统、珍稀濒危与特有动物等的保护方案或措施的有效性，尤其是保护目标识别是否全面，保护范围和保护措施是否合理。

(4) 废水处理的可行性

根据项目用岛所产生的污（废）水种类和产生量，分析污（废）水处理方式、处理能力是否合理、可行。如有排放的，应分析排放方式和排放标准是否满足相关规范要求。

(5) 固体废弃物处置的可行性

根据项目用岛所产生的固体废弃物种类和产生量，分析固体废弃物收集、处理能力是否合理、可行，处置方式和标准是否满足相关规范要求。

(6) 其他污染物处置措施的可行性

根据项目用岛产生的废气、粉尘、放射性物质等的成分和产生量，噪声、震动、光辐射、电磁辐射等的强度，分析采用的处理措施是否合理、可行。

7.2.8 生态站（点）布局及监测计划合理性分析

根据项目用岛对海岛资源、生态、环境的影响分析结果，分析海岛生态环境监

测设施及配套能力建设是否满足监测工作需求，生态站（点）布局是否合理，监测内容是否覆盖了保护对象、关键生态要素和因子，监测方法和监测频次等是否合理、可行。

7.2.9 结论与建议

（1）结论

论证结论应清晰、简洁，一般应包括项目用岛的基本情况、必要性、生态环境影响、开发利用协调性，与相关规划、区划的符合性，工程建设方案的合理性，生态保护方案的有效性等。在综合分析的基础上，提出项目用岛是否可行的结论。

（2）建议

根据项目用岛具体情况，提出项目落实海岛保护规划管理要求、保障保护对象安全的建议。提出项目用岛过程中对用岛面积、建筑物和设施体量、实际用途、施工方式、用岛影响等进行监督检查的管理建议。

对于在减缓资源环境影响、促进集约节约用岛和生态用岛等方面仍有优化空间的，应提出相关建议。

7.2.10 附件

附件一般应包括海岛地形图、项目用岛位置图、分类型界址图、建筑物和设施布置图、现状照片资料、资料来源说明、与海岛开发利用相关的前期批复文件、相关协调协议、其他文件和材料等。

7.3 其他要求

（1）数据资料可靠性要求

海洋资源、环境和生态现状分析测试数据应由具有国家级、省级计量认证或实验室认可资质的单位提供。社会经济发展状况资料以所在地人民政府职能部门统计和发布的最新数据资料为准。海岛保护规划、相关规划与区划应现行有效。海岛及周边海域开发利用现状资料应经实地调访、勘查获取和核实。

（2）数据资料时效性要求

通过收集、现状调查和现场勘查等途径获取的数据资料应能客观反映当前海岛和海域的状况。海岛与海洋资源、环境和生态现状等资料应采用三年以内（按年度计算）调查获取的资料。当地社会经济发展状况资料应采用两年以内（按年度计算）的统计资料。遥感影像应采用能清晰反映论证范围内海岛和周边海域开发利用现状的最新资料。

（3）图件要求

具体方案的相关图件应清晰，有相关人员的亲笔签名并加盖单位印章，并符合相关标准和设计要求。

第 8 章

无居民海岛使用权价格评估

自然资源部于 2022 年发布《无居民海岛使用价格评估规程》（HY/T 0326—2022）。该标准提出了无居民海岛使用价格评估的基本概念、应遵循的原则、程序和方法，为无居民海岛使用价格评估提供支撑和依据，对规范无居民海岛使用价格评估行为，完善我国无居民海岛有偿使用制度具有重要意义。

8.1　基本概念与原则

8.1.1　基本概念

无居民海岛使用权价格是指一定年期的无居民海岛使用权的权利价格。无居民海岛使用权价格评估是评估专业人员根据评估目的和待估无居民海岛的状况，按照一定的评估原则和程序，在全面调查和分析价格影响因素的基础上，选用适宜的评估方法，对待估无居民海岛在估价期日的价格进行估算和判定的活动。

评估价格一般是指基于用岛类型、用岛方式、用岛面积、开发程度、项目用海及占用海岸线、用岛区块使用权年期、用岛区块使用权类型与限制条件等情况下，在评估基准日的使用权出让价格。

8.1.2 基本原则

(1) 生态优先原则

充分考虑无居民海岛资源的特殊性和稀缺性，将自然岸线、植被、珍稀濒危物种、淡水、沙滩等资源生态条件作为影响无居民海岛使用权价格的主要因素。

(2) 合理有效利用原则

一定的社会经济条件下，以最为合理有效地利用待估无居民海岛为前提，开展无居民海岛使用权价格评估。通常以无居民海岛利用是否符合法律法规、相关规划、生态保护要求及市场需求等，作为判定无居民海岛合理有效利用与否的依据。

(3) 替代原则

以同类地区类似无居民海岛或土地在同等利用条件下的价格为基准，评估结果不得明显偏离具有替代性质的无居民海岛或土地的正常价格。

(4) 预期收益原则

无居民海岛使用权价格评估，应以待估无居民海岛正常利用条件下客观有效的预期收益为依据。

(5) 供需原则

在具备市场环境的情况下，无居民海岛使用权价格评估应以市场供需决定价格为依据，并充分考虑无居民海岛使用权市场供需的特殊性和地域性。

(6) 贡献原则

无居民海岛的总收益是由无居民海岛及其他投入要素共同作用的结果，评估时应充分考虑各要素对总收益的实际贡献水平，客观确定评估价格。

8.2 评估程序

无居民海岛使用权价格评估的程序主要如下：

(1) 明确评估的基本事项

如待估无居民海岛的名称、代码、位置、等别、用岛类型、用岛方式、用岛面积、用岛年限、规划条件限制和估价期日等内容。

(2) 拟定评估作业方案

在确定评估基本事项的基础上，对评估任务进行初步分析，编制评估作业方案。方案应包括以下内容：待估无居民海岛基本情况；评估拟采用的技术路线和评估方法；需要调查的资料及取得途径；预计评估工作所需的时间、人力和经费。

（3）收集无居民海岛相关资料

主要包括待估无居民海岛及所在地区的基本情况，包括无居民海岛位置、离岸距离、海岛面积、岸线长度、所在地区的社会经济发展状况、县（市、区）无居民海岛总数等；待估无居民海岛的自然资源情况，包括动植物、淡水、沙滩、景观等资源的数量和分布等；待估无居民海岛保护与开发利用相关资料，包括无居民海岛保护要求以及开发利用具体方案、项目论证报告或出让方案等；待估无居民海岛相关规划，包括国土空间规划、海岸带综合保护与利用规划、可利用无居民海岛保护和利用规划等；市场交易和基准地价，包括与待估无居民海岛相似的交易实例资料、与待估无居民海岛毗邻的土地基准地价和土地交易资料等；其他相关资料等。

（4）实地查勘

对待估无居民海岛进行实地查勘，进一步掌握海岛相关情况，如发现与收集资料不一致的，评估机构应进一步核实确认。

（5）无居民海岛使用权价格测算

①选择评估方法。无居民海岛使用权价格评估应至少选择 2 种评估方法。如有特殊情况，可采用一种方法评估，但应由评估机构以外的至少 3 名行业专家出具论证意见。最低价系数修正法为必选方法。

②试算价格。根据所选评估方法的有关要求，确定评估参数取值，并按照计算公式对价格进行试算。评估人员应从资料完备性、方法适用性和参数指标的代表性、适当性、准确性等方面，对各试算价格进行客观分析，并结合估价经验进行判断调整。

③确定评估价格。评估价格采用各试算价格的算术平均法或加权平均法计算。应对最终评估价格是否符合无居民海岛使用权出让最低价进行分析说明，且不应低于无居民海岛使用权出让最低价。

（6）撰写评估报告

评估人员按照评估报告格式，编制完成无居民海岛使用权价格评估报告。评估报告由至少 2 名评估专业人员签字及加盖评估机构公章，按合同约定交付委托方。评估过程中涉及特殊专业知识和经验的，应聘请有相应资质的专业机构或专家协助工作，并在报告中说明。评估机构完成最终评估报告后，应对相关资料进行整理、归档和妥善保管。

8.3 评估方法

常用的无居民海岛估价方法有最低价系数修正法、市场比较法、收益还原法、成本逼近法、剩余法等。实际估价时需根据无居民海岛交易市场的发育状况、项目用岛区块的特点及开发的实际情况，选择适当的估价方法。

8.3.1 最低价系数修正法

（1）适用范围

最低价系数修正法是利用修正系数对无居民海岛使用权出让最低价进行修正，以此估算待估无居民海岛使用权价格的方法。该方法适用于所有无居民海岛使用权价格评估。

最低价系数修正法是以相邻土地的基准地价为基础，只要待估海岛的用岛类型与土地的用地类型相一致，就可以采用邻地比价法进行估价，如工业仓储用岛、可再生能源用岛、交通运输用岛、旅游娱乐用岛等。但由于城镇土地只有商业、住宅与工业三种用地类型的基准地价，因此对于与相邻乡镇用地类型不同的待估海岛，不适用此方法。

最低价系数修正法估价的关键，是在实际操作时需要对地价评估体系有深刻的认识，并对待估海岛所在区域和海岛各项评价指标有深入的调查和了解。第一，选择与待估海岛相同或相近用地类型的基准地价；第二，应注意将相邻乡镇土地基准地价由熟地地价还原为生地地价，以缩小海岛土地条件与陆地土地条件的差距，增加二者的可比性；第三，需要关注无居民海岛开发利用对海岛和周围海域生态环境产生的负面影响，并采用适当的方法对资源生态补偿价值予以计量；第四，需要调整待估海岛使用年限与参比土地使用年限差异所带来的价格影响。

（2）估价模型

①用岛类型为农林牧渔业用岛、工矿通信用岛、交通运输用岛、游憩用岛的，且用岛方式为原生利用式、轻度利用式、中度利用式、重度利用式或极度利用式的，按公式（8-1）计算：

$$P = P_j \times S \times t \times (1 + \sum_{i=1}^{n} W_i K_i) \qquad (8-1)$$

式中：

P——无居民海岛使用权价格，单位为万元；

P_j——无居民海岛使用权出让最低标准，单位为万元/（$hm^2 \cdot a$）；

S——用岛面积，单位为 hm^2；

t——无居民海岛使用年限，单位为年；

n——修正因素的个数；

W_i——第 i 个修正因素的权重；

K_i——第 i 个修正因素的修正系数。

②用岛类型为农林牧渔业用岛、工矿通信用岛、交通运输用岛、游憩用岛的，且用岛方式为填海连岛与造成岛体消失的，按公式（8-2）计算：

$$P = P_j \times S \times (1 + \sum_{i=1}^{n} W_i K_i) \tag{8-2}$$

式中：

P——无居民海岛使用权价格，单位为万元；

P_j——无居民海岛使用权出让最低标准，单位为万元/hm^2；

S——用岛面积，单位为 hm^2；

n——修正因素的个数；

W_i——第 i 个修正因素的权重；

K_i——第 i 个修正因素的修正系数。

③用岛类型为公共服务用岛或国防用岛的特殊用岛，用岛方式为原生利用式、轻度利用式、中度利用式、重度利用式或极度利用式的，按公式（8-3）计算。使用权出让最低标准根据待估无居民海岛等别、用岛方式以及与其功能用途相似的用岛类型确定。

$$P = P_j \times S \times t \tag{8-3}$$

式中：

P——无居民海岛使用权价格，单位为万元；

P_j——无居民海岛使用权出让最低标准，单位为万元/（$hm^2 \cdot a$）；

S——用岛面积，单位为 hm^2；

t——无居民海岛使用年限，单位为年。

④用岛类型为公共服务用岛或国防用岛的特殊用岛，且用岛方式为填海连岛与造成岛体消失的，根据待估无居民海岛等别，按相应最低标准和用岛面积计算无居民海岛使用权价格。

（3）计算步骤

首先计算出让最低价，依据无居民海岛使用金征收标准及有关规定，按待估无居民海岛的等别、用岛类型和用岛方式，确定无居民海岛使用权出让最低标准，并测算无居民海岛使用权出让最低价。其次，依据用岛方式和离岸距离、海岛面积、自然岸线、植被覆盖率，以及珍稀濒危物种、淡水资源、沙滩资源对无居民海岛的稀缺程度等，分析出让最低价修正因素。再采用特尔斐法、层次分析法等方法，确定无居民海岛使用权出让最低价修正因素权重，最后确定出让最低价修正系数。

8.3.2 市场比较法

（1）适用范围

这是将待估无居民海岛与具有替代性且在估价期日近期市场上交易的无居民海岛或土地交易实例进行比较，并对交易实例成交价格进行适当修正，以此估算待估无居民海岛使用权价格的一种方法。该方法适用于有可比交易实例地区的无居民海岛使用权价格评估。

市场比较法估价接近市场行情，现实性较强，在合乎市场交易规律、交易人理性行为和贴近市场价格变动基础上，以替代关系为途径估算海岛价格，具有较强的说服力和市场敏感性，只要存在公开、均衡、发达且相对稳定的海岛交易市场，市场比较法就有广泛适用性，但在评估领域，该方法的应用还是受到比较案例的数量、质量等若干条件的限制和约束。对海岛估价而言，市场比较法适合在海岛市场发达、有足够数量的具有替代性比较实例、交易案例资料与待估海岛具有相关性和替代性、交易行为正常且交易资料可靠等条件具备的情况下采用。

（2）估价模型

比较实例为无居民海岛时，市场比较法可采用公式（8-4）进行计算：

$$P = P_b \times K_{b1} \times K_{b2} \times K_{b3} \times K_{b4} \times K_{b5} \times K_{b6} \times S \quad (8-4)$$

式中：

P——无居民海岛使用权价格，单位为万元；

P_b——比较实例价格，单位为万元/hm^2；

K_{b1}——自然资源因素条件修正系数；

K_{b2}——社会经济因素条件修正系数；

K_{b3}——交易情况修正系数；

K_{b4}——估价期日修正系数；

K_{b5}——使用年限修正系数；

K_{b6}——用岛方式修正系数；

S——用岛面积，单位为 hm^2。

（3）计算步骤

首先选择具有替代性的无居民海岛或土地作为比较实例，应符合以下要求：比较实例与待估无居民海岛条件的相似性大于差异性；比较实例与待估无居民海岛位于相同地区或类似地区；比较实例与待估无居民海岛的用途相同或者相似；比较实例应为正常交易或者可修正为正常交易；比较实例交易时间应与估价期日相近，最长不超过5年；比较实例数量不少于2个。

根据比较实例的类型、自然资源条件、社会经济条件等，选择相应的比较因素，最后确定因素条件指数并修正，具体修正的因素包括自然资源因素、社会经济因素、交易情况、估价期日、使用年限和用岛方式等，最后针对修正后的比较实例价格，采用加权平均法测算无居民海岛使用权价格。

8.3.3 收益还原法

（1）适用范围

这是一种将待估无居民海岛未来正常情况下年预期纯收益，以一定的还原利率还原，以此估算待估无居民海岛使用权价格的方法。该方法适用于对具有收益或潜在收益能力的无居民海岛进行使用权价格评估。

收益还原法理论基础充分，以海岛纯收益为途径，以未来收益还原为核心，优点是可以全面、完整地反映海岛的内在价值。从理论上讲，现金流量折现法测算出的结果比较精确，科学可靠，但缺点是对相关数据和参数的获取有较高要求，且测算过程较为复杂。收益还原法以求取海岛纯收益为途径评估海岛价格，只能用于有收益或潜在收益的海岛估价，如有租金收入的租赁性用岛或有收益能力的经营性用岛，适用于能够确定用岛区块开发经营期限和还原利率，并能按照贡献原则较准确地计算未来每年纯收益和生态价值增量的情形，对于无收益的公用、公益性海岛估价则不适用。

（2）估价模型

收益还原法可采用公式（8-5）进行计算：

$$P = \sum_{i=1}^{n} \frac{a_i}{(1 + r_1)(1 + r_2)\cdots(1 + r_i)} \tag{8-5}$$

式中：

P——无居民海岛使用权价格，单位为万元；

n——无居民海岛使用年限，单位为年；

a_i——第 i 年的无居民海岛纯收益，单位为万元；

r_i——第 i 年的无居民海岛还原利率。

（3）计算步骤

需根据无居民海岛的经营方式，确定年总收益、年总费用、纯收益和还原利率等。收集的资料包括与待估无居民海岛经营方式相同或相似的无居民海岛或土地的年平均总收益、总费用等资料，所收集的资料应具有持续性、稳定性，能反映无居民海岛长期的收益趋势。

8.3.4 成本逼近法

（1）适用范围

这是一种以取得和开发无居民海岛所耗费的各项费用之和，再加上利润、利息、应缴纳的税费和增值收益来确定待估无居民海岛使用权价格的方法。成本逼近法以成本累加为途径，优点是“成本”显而易见，特别是在有文件规定无居民海岛价格构成、费用标准等的情况下。但在现实中，无居民海岛的价格直接取决于其效用，而非花费的成本，成本高并不一定表明效用和价值高，其评估的结果只是一种“算术价格”，对无居民海岛的效用、价值及市场需求方面的情况未加考虑，这也是成本逼近法的缺陷和限制。尽管如此，对于社会客观平均开发成本而言，成本已为社会接受，应在价格中得到相应的体现。

成本逼近法以无居民海岛取得费、开发费和生态环境维护费等各项费用之和为主要依据，再加上一定的利息、利润、应缴纳的税费和海岛增值收益来确定无居民海岛价格的估价方法。成本逼近法一般适用于新开发无居民海岛的估价，特别适用于无居民海岛使用权市场不发达、交易实例少、无法利用市场比较法等方法进行估价的情况。特别是在无居民海岛交易市场发展初期，由于交易案例不足，其他方法无法使用，成本逼近法更被视为一种非常方便、有效的估价方法。

成本逼近法估价涉及无居民海岛取得和开发投入的成本及收益等因素，相关数据要以无居民海岛价格评估基准日取得与待估无居民海岛相同或相似的无居民海岛取得费用、开发费用和行业平均利润率、投资报酬率为基础进行计算。采集的信息应注意时效性、客观性。此外，需注意协调出让方和受让方对该无居民海岛价格的认同标准。成本逼近法计算出价格后，还需通过其他方法进行比较验证或修正，使其接近实际水平。

（2）估价模型

成本逼近法的计算公式如下：

$$P = Q + D + T + B + I + C \tag{8-6}$$

式中：

P——无居民海岛使用权价格，单位为万元；

Q——无居民海岛取得费，单位为万元；

D——无居民海岛开发费，单位为万元；

T——税费，单位为万元；

B——无居民海岛开发利息，单位为万元；

I——无居民海岛开发利润，单位为万元；

C——无居民海岛增值收益，单位为万元。

（3）计算步骤

根据相关资料，确定无居民海岛的取得费、开发费、税费、开发利息、开发利润和增值收益等要素，再对其价格进行修正。

8.3.5 剩余法

（1）适用范围

剩余法是在测算出无居民海岛开发完成后的总价格基础上，扣除预计的正常开发成本及有关专业费用、利息、利润和税费，以价格余额来测算无居民海岛使用权价格的一种方法。该方法适用于待估无居民海岛具有开发或再开发潜力的情况。

剩余法比较适合对具有投资开发或再开发潜力，且开发后收益水平易确定的无居民海岛进行估价，包括待开发无居民海岛的估价、待拆迁改造的再开发无居民海岛的估价、仅将无居民海岛开发或改造成可供直接利用的无居民海岛的估价等。剩余法的运用以有关数据的预测为条件，而这些数据的测算，又取决于海岛最佳开发用途的确定、海岛市场行情的判断、各项开发成本费用的估算等因素。就目前的无居民海岛市场来看，当无居民海岛具有开发或潜在开发价值，且开发后的价值能有效计量或获取时，剩余法不失为一种可靠、实用和重要的估价方法。

（2）估价模型

剩余法计算公式如下：

$$P = V - Z - I \qquad (8-7)$$

式中：

P——无居民海岛使用权价格，单位为万元；

V——无居民海岛开发后的总价格，单位为万元；

Z——开发成本，单位为万元；

I——开发利润，单位为万元。

（3）计算步骤

首先根据待估无居民海岛最有效利用方式和当地市场现状，采用市场比较法或收益还原法确定开发完成后的总价。测算开发成本指的是根据无居民海岛开发建设投资成本、具体方案和论证报告编制等专业费用、投资利息和税费等确定开发成本。最后采用同一市场上类似无居民海岛或土地项目的平均利润率测算利润。

第 9 章

无居民海岛开发利用实践

2010 年 3 月《海岛保护法》实施后，国家和沿海各省在《海岛保护法》基础上积极探索和实践了无居民海岛的开发。2011 年 4 月，国家海洋局公布了我国第一批可开发利用无居民海岛名录，名录涉及辽宁、山东、江苏、浙江、广东、广西、福建、海南等 8 个省区，共计 176 个无居民海岛。其中，海岛开发主导用途涉及旅游娱乐、交通运输、工业、仓储、渔业、农林牧业、可再生能源、城乡建设、公共服务等多个领域。首批公布的 176 个无居民海岛中，旅游娱乐用岛的比例超过 50%，这也是当前我国无居民海岛开发利用的主要方式。旅游娱乐用岛对海岛环境破坏较小，便于监管，能够很好地保障海岛资源开发与海岛生态环境保护的协调发展，也是沿海各省积极鼓励的一种主要海岛利用方式。

浙江省宁波市宁海县铁沙屿拥有丰富的植被和沙滩资源，具有较高的旅游开发价值，铁沙屿开发利用项目将充分发挥海岛的资源环境和地理区位优势，在保护海岛生态环境的前提下，打造海岛休闲度假、旅游观光胜地。因此，本书选取铁沙屿旅游用岛项目作为典型实践案例进行深入研究剖析，完整地阐述无居民海岛本底调查、无居民海岛保护和利用规划编制、无居民海岛开发利用具体方案编制、无居民海岛开发利用项目论证报告编制等无居民海岛用岛审批所需支撑文件的编制内容、方法和技术要求等，同时针对铁沙屿开发利用过程中存在的林权利益相关者处理、用岛范围划定等问题进行了思考，并提出解决对策，以期为我国继续完善无居民海岛开发利用管理政策提供思路。

9.1 铁沙屿本底情况

9.1.1 海岛位置与海岛类型调查

铁沙屿为无居民海岛，隶属于浙江省宁波市宁海县强蛟镇。该岛位于宁海县东北部海域，象山港内，南洋屿以东 1 km，属强蛟群岛，距大陆最近点 1.22 km。

9.1.2 岛陆地形地貌调查

铁沙屿为基岩岛，由上侏罗统九里坪组流纹（斑）岩构成。海岛地貌属低丘陵，岛上最高处海拔为 17.9 m，位于海岛中部。

海岛呈东北—西南走向，长约 300 m，宽约 100 m。海岛地形整体较为平缓，起伏较小（见图 9-1，图 9-2）。除海岛西侧与东侧小部分近岸区域相对陡峭（坡度大于 50°）外，80%以上的海岛区域坡度小于 25°（见图 9-3）。铁沙屿土壤类型为红壤。岸滩类型主要为基岩海岸，海岛西南侧分布有砾石滩，低潮时可连接海岛寺前礁。

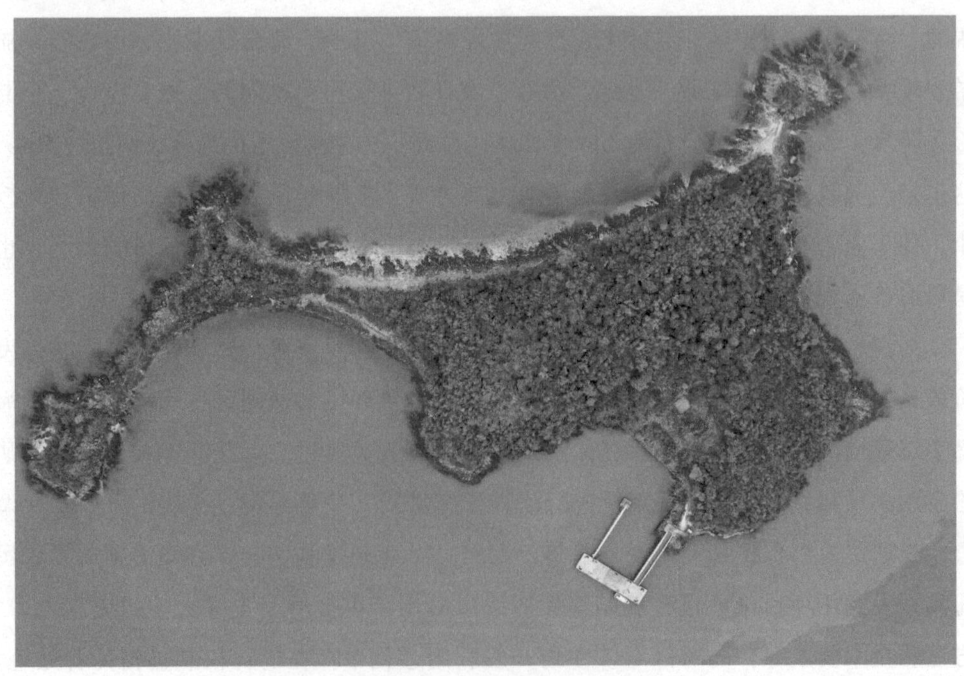

图 9-1 铁沙屿航拍影像（2020 年 4 月）

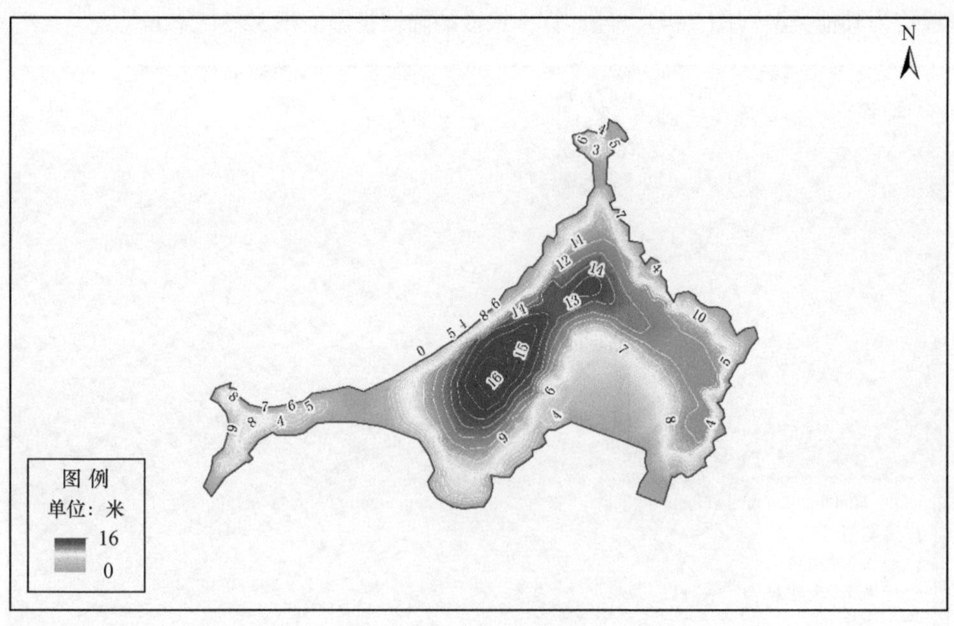

图 9-2　铁沙屿地形

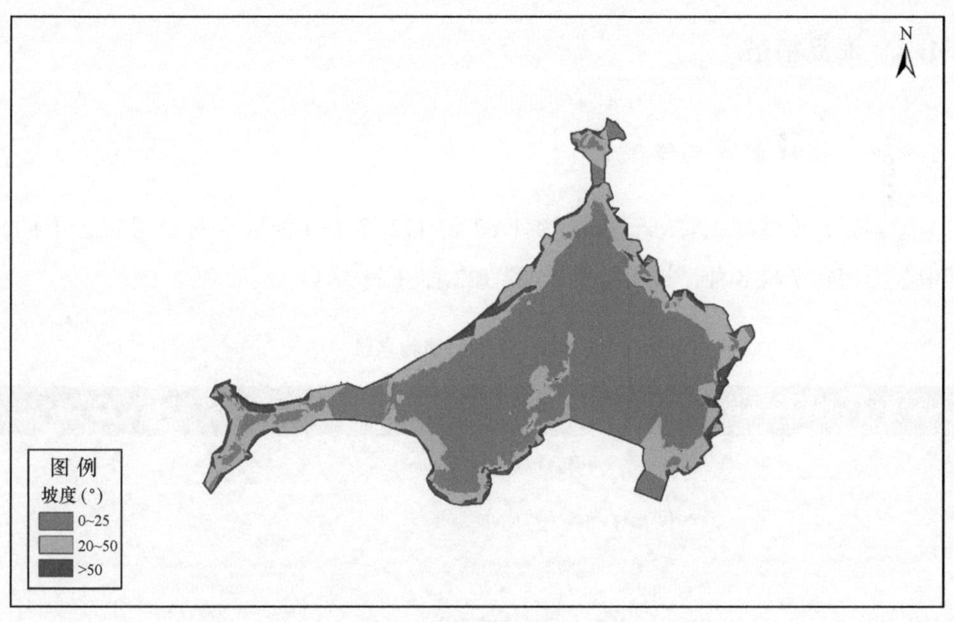

图 9-3　铁沙屿坡度

9.1.3　海岛岸线和面积

根据浙江省海岛岸线调查成果，铁沙屿岸线长 1 183.3 m，其中自然岸线 1 101 m，人工岸线 82.3 m。自然岸线中原生基岩岸线 991.6 m，原生砂砾质岸线 109.4 m，人工岸线均为其他类型（图9-4）。经计算，铁沙屿陆域投影面积32 318.6 m²。

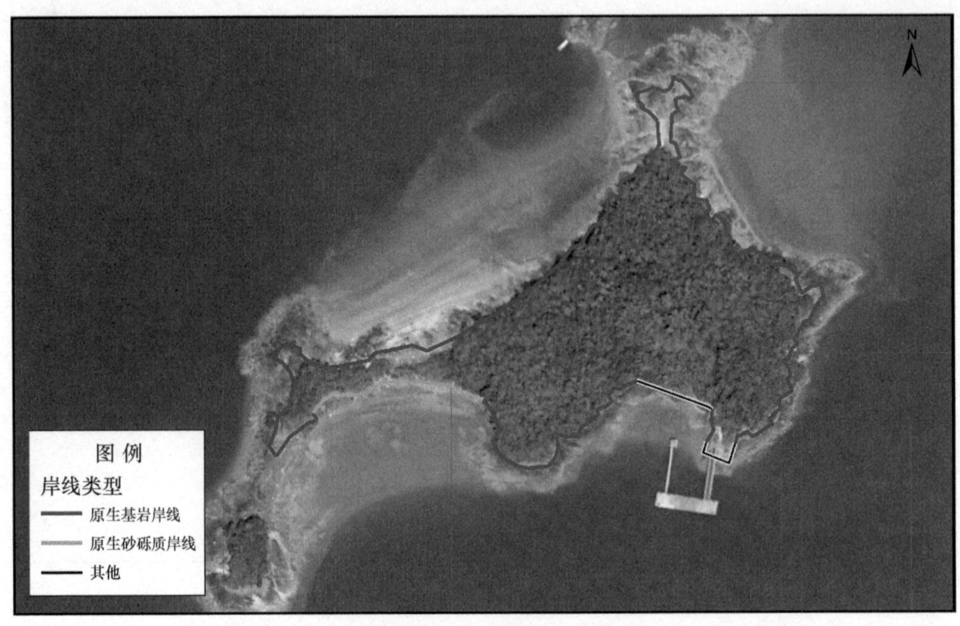

图9-4　铁沙屿岸线类型分布

9.1.4　海岛植被

9.1.4.1　植被资源总体概况

经调查，铁沙屿主要维管束植物计62科112属130种（含种下等级，下同），其中蕨类植物7科8种，被子植物55科122种（表9-1）。

表9-1　铁沙屿植物名录

蕨类植物门（Pteridophyta）	
海金沙科（Lygodiaceae）	
海金沙	*Lygodium japonicum*（Thunb.）Sw.
碗蕨科（Dennstaedtiaceae）	
阔叶鳞盖蕨	*Microlepia platyphylla*（Don）J. Sm.
蕨科（Pteridiaceae）	
蕨	*Pteridium aquilinum*（Linn.）Kuhn var. *latiusculum*（Desv.）Underw. ex Heller
凤尾蕨科（Pteridaceae）	
井栏边草	*Pteris multifida* Poir.

续表

蕨类植物门（Pteridophyta）	
鳞毛蕨科（Dryopteridaceae）	
刺头复叶耳蕨	*Arachniodes aristata*（Forst）Tindale
贯众	*Cyrtomium fortunei* J. Smith
骨碎补科（Davalliaceae）	
圆盖阴石蕨	*Humata tyermanni* Moore
水龙骨科（Polypodiaceae）	
石韦	*Pyrrosia lingua*（Thunb.）Farwell
被子植物门（Angiospermae）	
杨柳科（Salicaceae）	
粤柳	*Salix mesnyi* Hance
榆科（Ulmaceae）	
朴树	*Celtis sinensis* Pers.
杭州榆	*Ulmus changii* Cheng
榔榆	*U. parvifolia* Jacq.
桑科（Moraceae）	
天仙果	*Ficus erecta* Thunb. var. *beecheyana*（Hook. et Arn.）King
薜荔	*F. pumila* Linn.
柘	*Maclura tricuspidata*（Carr.）Bureau ex Lavall.
蓼科（Polygonaceae）	
酸模	*Rumex acetosa* Linn.
羊蹄	*R. japonicus* Houtt.
商陆科（Phytolaccaceae）	
美洲商陆	*Phytolacca americana* Linn.
石竹科（Caryophyllaceae）	
瞿麦	*Dianthus superbus* Linn.
鹅肠菜	*Myosoton aquaticum*（Linn.）Moench
女娄菜	*Silene aprica* Turcz. ex Fisch. et Mey.
雀舌草	*S. alsine* Grimm.

续表

被子植物门（Angiospermae）	
繁缕	*S. media*（Linn.）Vill.
藜科（Chenopodiaceae）	
藜	*Chenopodium album* Linn.
苋科（Amaranthaceae）	
喜旱莲子草	*Alternanthera philoxeroides*（Mart.）Griseb.
碱蓬	*Suaeda glauca*（Bunge）Bunge
樟科（Lauraceae）	
豹皮樟	*Litsea coreana* Lévl. var. *sinensis*（Allen）Yang et P. H. Huang
毛茛科（Ranunculaceae）	
圆锥铁线莲	*Clematis terniflora* DC.
毛茛	*Ranunculus japonicus* Thunb.
防己科（Menispermaceae）	
头花千金藤	*Stephania cephalantha* Hayata ex Yamamoto
木防己	*Cocculus orbiculatus*（Linn.）DC.
山茶科（Theaceae）	
格药柃	*Eurya muricata* Dunn
藤黄科（Clusiaceae）	
元宝草	*Hypericum sampsonii* Hance
罂粟科（Papaveraceae）	
紫堇	*Corydalis edulis* Maxim.
黄堇	*C. pallida*（Thunb.）Pers.
十字花科（Brassicaceae）	
碎米荠	*Cardamine hirsuta* Linn.
臭荠	*Coronopus didymus*（Linn.）J. E. Smith
金缕梅科（Hamamelidaceae）	
檵木	*Loropetalum chinense*（R. Br.）Oliv.
景天科（Crassulaceae）	
景天	*Hylotelephium erythrostictum*（Miquel）H. Ohba

续表

被子植物门（Angiospermae）	
珠芽景天	*Sedum bulbiferum* Makino
蔷薇科（Rosaceae）	
桃	*Amygdalus persica* Linn.
硕苞蔷薇	*Rosa bracteata* Wendl.
小果蔷薇	*R. cymosa* Tratt.
金樱子	*R. laevigata* Michx.
野蔷薇	*R. multiflora* Thunb.
山莓	*Rubus corchorifolius* Linn. f.
插田泡	*R. coreanus* Miq.
蓬蘽	*R. hirsutus* Thunb.
豆科（Fabaceae）	
山合欢	*Albizia kalkora*（Roxb.）Prain
网脉崖豆藤	*Millettia reticulata*（Benth.）Schot
黄檀	*Dalbergia hupeana* Hance
何首乌	*Fallopia multiflora*（Thunb.）Harald.
截叶铁扫帚	*Lespedeza cuneata*（Dum. Cours.）G. Don
天蓝苜蓿	*Medicago lupulina* Linn.
葛	*Pueraria montana*（Loureiro）Merrill
鹿藿	*Rhynchosia volubilis* Lour.
大巢菜	*Vicia sativa* Linn.
小巢菜	*V. hirsuta*（Linn.）S. F. Gray
酢浆草科（Oxalidaceae）	
酢浆草	*Oxalis corniculata* Linn.
大戟科（Euphorbiaceae）	
算盘子	*Glochidion puberum*（Linn.）Hutch.
野梧桐	*Mallotus japonicus*（Thunb.）Muell. Arg.
石岩枫	*M. repandus*（Willd.）Müll. -Arg. var. *scabrifolius*（A. Juss.）Müll. -Arg.
芸香科（Rutaceae）	

续表

被子植物门（Angiospermae）	
椿叶花椒	*Zanthoxylum ailanthoides* Sieb. et Zucc.
楝科（Meliaceae）	
苦楝	*Melia azedarach* Linn.
漆树科（Anacardiaceae）	
黄连木	*Pistacia chinensis* Bunge
盐肤木	*Rhus chinensis* Mill.
槭树科（Aceraceae）	
三角枫	*Acer buergerianum* Miq.
卫矛科（Celastraceae）	
西南卫矛	*Euonymus hamiltonianus* Wall.
鼠李科（Rhamnaceae）	
雀梅藤	*Sageretia thea*（Osbeck）Johnst.
葡萄科（Vitaceae）	
蛇葡萄	*Ampelopsis sinica*（Miq.）W. T. Wang
椴树科（Tiliaceae）	
扁担杆	*Grewia biloba G. Don*
瑞香科（Thymelaeaceae）	
了哥王	*Wikstroemia indica*（Linn.）C. A. Mey.
胡颓子科（Elaeagnaceae）	
蔓胡颓子	*Elaeagnus glabra* Thunb.
胡颓子	*E. pungens* Thunb.
大风子科（Flacourtiaceae）	
柞木	*Xylosma congesta*（Lour.）Merr.
秋海棠科（Begoniaceae）	
紫背天葵	*Begonia fimbristipula* Hance
伞形科（Apiaceae）	
积雪草	*Centella asiatica*（Linn.）Urban
小窃衣	*Torilis japonica*（Houtt.）DC.
报春花科（Primulaceae）	
滨海珍珠菜	*Lysimachia mauritiana* Lam.
白花丹科（Plumbaginaceae）	

续表

被子植物门（Angiospermae）	
补血草	*Limonium sinense*（Girard）Kuntze
矮冷水花	*Pilea peploides*（Gaudich.）Hook. et Arn.
山矾科（Symplocaceae）	
白檀	*Symplocos paniculata*（Thunb.）Miq.
夹竹桃科（Apocynaceae）	
络石	*Trachelospermum jasminoides*（Lindl.）Lem.
茜草科（Rubiaceae）	
猪殃殃	*Galium spurium* Linn.
栀子	*Gardenia jasminoides* Ellis
旋花科（Convolvulaceae）	
马蹄金	*Dichondra micrantha* Urban
马鞭草科（Verbenaceae）	
牡荆	*Vitex negundo* Linn. var. *cannabifolia*（Sieb. et Zucc.）Hand. -Mazz.
单叶蔓荆	*Vitex rotundifolia* Linn. f.
唇形科（Lamiaceae）	
韩信草	*Scutellaria indica* Linn.
茄科（Solanaceae）	
白英	*Solanum lyratum* Thunb.
龙葵	*S. nigrum* Linn.
玄参科（Scrophulariaceae）	
直立婆婆纳	*Veronica arvensis* Linn.
忍冬科（Caprifoliaceae）	
金银花	*Lonicera japonica* Thunb.
菊科（Asteraceae）	
茵陈蒿	*Artemisia capillaris* Thunb.
野艾蒿	*A. lavandulifolia* DC.
三脉叶马兰	*Aster trinervius subsp. ageratoides*（Turczaninow）Grierson
天名精	*Carpesium abrotanoides* Linn.
野菊	*Chrysanthemum indicum* Linn.
野茼蒿	*Crassocephalum crepidioides*（Benth.）S. Moore
一年蓬	*Erigeron annuus*（Linn.）Pers.

续表

被子植物门（Angiospermae）	
鼠曲草	*Pseudognaphalium affine*（D. Don）Anderberg
加拿大一枝黄花	*Solidago canadensis* Linn.
黄鹌菜	*Youngia japonica*（Linn.）DC.
百合科（Liliaceae）	
薤白	*Allium macrostemon* Bunge
老鸦瓣	*Amana edulis*（Miq.）Honda
天门冬	*Asparagus cochinchinensis*（Lour.）Merr.
野百合	*Crotalaria sessiliflora* Linn.
山麦冬	*Liriope spicata*（Thunb.）Lour.
菝葜	*Smilax china* Linn.
石蒜科（Amaryllidaceae）	
石蒜	*Lycoris radiata*（L'Hér.）Herb.
薯蓣科（Dioscoreaceae）	
薯蓣	*Dioscorea polystachya* Turcz.
鸭跖草科（Commelinaceae）	
鸭跖草	*Commelina communis* Linn.
禾本科（Poaceae）	
荩草	*Arthraxon hispidus*（Thunb.）Makino
五节芒	*Miscanthus floridulus*（Labill.）Warb. ex K. Schumann et Lauterbach
山类芦	*Neyraudia montana* Keng
雀稗	*Paspalum thunbergii* Kunth ex Steud.
显子草	*Phaenosperma globosa* Munro ex Oliv.
芦苇	*Phragmites australis*（Cav.）Trin. ex Steud.
金竹	*Phyllostachys sulphurea*（Carr.）A. et C. Riv.
早熟禾	*Poa annua* Linn.
鹅观草	*Roegneria tsukushiensis*（Honda）B. R. Lu et al. var. *transiens*（Hack.）B. R. Lu et al.）
互花米草	*Spartina alterniflora* Lois.
黄背草	*Themeda triandra* Forsk.
棕榈科（Arecaceae）	
棕榈	*Trachycarpus fortunei*（Hook.）H. Wendl.
天南星科（Araceae）	

续表

被子植物门（Angiospermae）	
天南星	*Arisaema heterophyllum* Bl.
半夏	*Pinellia ternata*（Thunb.）Tenore ex Breit.
浮萍科（Lemnaceae）	
浮萍	*Lemna minor* Linn.
莎草科（Cyperaceae）	
青绿苔草	*Carex breviculmis* R. Br.
糙叶苔草	*C. scabrifolia* Steud.
独穗飘拂草	*Fimbristylis ovata*（N. L. Burman）J. Kern

注：以上植物名录主要参考恩格勒系统和《浙江植物志》

9.1.4.2 植物种类组成与分析

（1）种类组成

统计调查发现的主要维管束植物科属组成，大于10种的科共有1科，为禾本科（11属11种），占总科数的1.61%；含6~10种的科共有4科，为豆科（9属10种）、菊科（9属10种）、蔷薇科（3属8种）和百合科（6属6种），占总科数的6.45%；含2~5种的科共有21科，为鳞毛蕨科（2属2种）、石竹科（4属5种）、大戟科（2属3种）、桑科（2属3种）、莎草科（2属3种）、榆科（2属3种）、白花丹科（2属2种）、防己科（2属2种）、胡颓子科（1属2种）、景天科（1属2种）、蓼科（1属2种）、马鞭草科（1属2种）、毛茛科（2属2种）、漆树科（2属2种）、茜草科（2属2种）、茄科（1属2种）、伞形科（2属2种）、十字花科（2属2种）、天南星科（2属2种）、苋科（2属2种）、罂粟科（1属2种），占总科数的33.87%；仅含1种的科有36科，占总科数的58.06%（表9-2）。

表9-2 铁沙屿维管束植物科级统计

级别（种数）	科数目	占比（%）
大科（>10种）	1	1.61
中科（6~10种）	4	6.45
小科（2~5种）	21	33.87
极小科（1种）	36	58.07
合计	62	100

含2~5种的属共有15属，为蔷薇属（4种）、悬钩子属（3种）、繁缕属（2种）、蒿属（2种）、胡颓子属（2种）、景天属（2种）、牡荆属（2种）、茄属（2种）、榕属（2种）、酸模属（2种）、苔草属（2种）、野桐属（2种）、野豌豆属（2种）、榆属（2种）、紫堇属（2种），占总属数的13.39%；仅含1种的属有97属，占总属数的86.61%；最大的属有4个种（表9-3）。

表9-3　铁沙屿维管束植物属级统计

级别（种数）	属	
	数目	占比（%）
小属（2~5种）	15	13.39
极小属（1种）	97	86.61
合计	112	100

（2）外来物种及分布

参考生态环境部发布的《中国外来入侵物种名单》和《中国自然生态系统外来入侵物种名单》，铁沙屿有一定数量的外来入侵植物，部分种类已造成一定程度的危害。主要种类有美洲商陆、一年蓬、加拿大一枝黄花、互花米草、喜旱莲子草等，这些入侵植物主要分布于铁沙屿的四周林缘及林间道路边等（见图9-5）。

（3）珍稀、濒危物种分布及保护状况

经实地调查，铁沙屿无国家级和省级珍稀濒危物种分布。

9.1.4.3　植被类型与群落特征

铁沙屿的植被主要为天然植被，包括落叶阔叶林（见图9-6）、竹林、灌木林和草丛等类型。

落叶阔叶林块状分布于该岛的东侧和东北侧，主要群落有山合欢林、朴树林、野桐林和苦楝林。

山合欢林面积较小，总盖度在85%以上，乔木层郁闭度约0.5，平均高度约7 m。乔木层除山合欢外，还有苦楝、野桐、朴树等；主要灌木树种有黄连木、黄檀、榔榆、雀梅藤、野蔷薇等；林下草本植物有酢浆草、加拿大一枝黄花、青绿苔草、白英、酸模、紫堇等；层间植物主要有金银花、木防己等。

朴树林零星分布于岛的西侧及北侧，面积小，除朴树外，还有黄檀、黄连木、

图 9-5 外来入侵植物

杭州榆、豹皮樟及少量金竹等；林下草本植物主要有牛繁缕等；主要层间植物有菝葜等。

野桐林种类相对简单，乔木层主要为野桐、山合欢等。

苦楝林面积较小，总盖度约 70 %，乔木层郁闭度约 0.3，平均高度约 5.5 m。乔木层除苦楝外，还有朴树等；主要灌木树种有榔榆、野蔷薇、盐肤木等；林下草本植物有加拿大一枝黄花、马蹄金、龙葵、五节芒、天名精等。

竹林主要有金竹林（见图 9-7）。金竹林分布于该岛的中部，四季常青，林相整

图 9-6 落叶阔叶林

图 9-7 散生型竹林

齐，平均高度约 6.2 m，总盖度约 85%。乔木层除金竹外，间有朴树、山合欢等树种；林下植被单一，主要有禾草和蕨类植物。

灌木林主要有雀梅藤灌木林、檵木灌木林等常绿灌木林（图 9-8）和单叶蔓荆落叶灌木林。雀梅藤灌木林分布于该岛的西南部，高度约 2.1 m，盖度在 85%以上；伴生种类主要为扁担杆、硕苞蔷薇、插田泡、牡荆、单叶蔓荆等灌木及显子草、耳挖草、羊蹄、野艾、青绿苔草、石蒜、喜旱莲子草等草本植物；层间植物有木防己、金银花、蛇葡萄等。檵木灌木林位于西侧，面积较小，高度约 2.3 m，盖度在 85%以上。主要灌木有野梧桐、柞木、西南卫矛、黄连木、盐肤木、扁担杆、了哥王、截叶铁扫帚、算盘子、小果蔷薇、桃等；草本植物有青绿苔草、黄背草、酢浆草、珠芽景天、女娄菜、山类芦、圆盖阴石蕨、瞿麦，层间植物有网络崖豆藤等。

图 9-8 常绿灌木林

单叶蔓荆灌木林（图 9-9）位于南部偏西的滩涂上，面积 60 m^2，高度约 0.6 m，盖度在 90%以上，伴有羊蹄、碱蓬、藜、茵陈蒿等草本植物。

图 9-9 单叶蔓荆灌木林

草丛零散分布于该岛西南侧和北侧，比较集中的有碱蓬草丛和互花米草草丛（图 9-10）。碱蓬草丛高度约 0.2 m，盖度达 85%以上，为单优群落，间有雀稗、补血草、滨海珍珠菜、小根蒜等其他草本植物；互花米草草丛面积较大，约450 m^2，高度约 0.7 m，盖度约 50%。

图 9-10　草丛

除了上述主要的天然植被，铁沙屿无人工植被分布。

铁沙屿植被群落类型及优势种见表 9-4。

表 9-4　植被群落类型及优势种

植物名称	优势种	其他
山合欢林	山合欢	其他乔木树种有苦楝、野桐、朴树等；主要灌木树种有黄连木、黄檀、榔榆、雀梅藤、野蔷薇等；林下草本植物有酢浆草、加拿大一枝黄花、青绿苔草、白英、酸模、紫堇等；层间植物主要有金银花、木防己等
朴树林	朴树	其他乔木树种有黄檀、黄连木、杭州榆、豹皮樟及少量金竹等；林下草本植物主要有牛繁缕等；主要层间植物有菝葜等
野桐林	野桐	山合欢
苦楝林	苦楝	其他乔木树种有朴树等；主要灌木树种有榔榆、野蔷薇、盐肤木等；林下草本植物有加拿大一枝黄花、马蹄金、龙葵、五节芒、天名精等
金竹林	金竹	乔木层间有朴树、山合欢等树种；林下植被主要有禾草和蕨类植物
雀梅藤灌木林	雀梅藤	伴生种类主要为扁担杆、硕苞蔷薇、插田泡、牡荆、单叶蔓荆等灌木及显子草、耳挖草、羊蹄、野艾、青绿苔草、石蒜、喜旱莲子草等草本植物，层间植物有木防己、金银花、蛇葡萄等

续表

植物名称	优势种	其他
檵木灌木林	檵木	其他灌木有野梧桐、柞木、西南卫矛、黄连木、盐肤木、扁担杆、了哥王、截叶铁扫帚、算盘子、小果蔷薇、桃等，草本植物有青绿苔草、黄背草、酢浆草、珠芽景天、女娄菜、山类芦、圆盖阴石蕨、瞿麦，层间植物有网络崖豆藤等
单叶蔓荆灌木林	单叶蔓荆	伴有羊蹄、碱蓬、藜、茵陈蒿等草本植物
碱蓬草丛	碱蓬	间有雀稗、补血草、滨海珍珠菜、小根蒜等其他草本植物
互花米草草丛	互花米草	无

9.1.4.4 滨海特有植物分布状况

根据实地调查，铁沙屿滨海分布有单叶蔓荆灌木林、碱蓬草丛等海岛特有植被。此外，铁沙屿也分布有一定数量的具有海岛特色的植物种类，木本植物有单叶蔓荆、椿叶花椒等；草本植物有滨海珍珠菜、碱蓬、补血草等（见图9-11）。

9.1.4.5 植物资源综合评价与保护对策

（1）植物资源综合评价

铁沙屿植被茂密、类型多样，维管束植物种质资源较丰富且具有一定的海岛特色。

铁沙屿分布有海岛特有的植被类型，如单叶蔓荆灌木林、碱蓬草丛。在调查的130种主要维管束植物中，生活型多样，分布有椿叶花椒、单叶蔓荆、碱蓬、补血草、滨海珍珠菜等较多的海岛特色植物。铁沙屿各类植被生长良好，对维护该海岛的生态平衡，保护植物物种多样性，改善和提升生态环境发挥了良好的作用。

铁沙屿植物资源保存状况良好。因建有码头，登岛便捷，岛上有明显的人为活动现象，如上岛祭祖、挖笋等，以上因素对铁沙屿植物资源安全带来潜在的威胁。

（2）植物资源受威胁现状及因素

总体而言，铁沙屿植物资源保存状况良好。从调查情况看，岛上的人为活动以及外来入侵植物、病虫害等因素会对植物资源造成一定程度的影响。

（3）保护对策

植物资源是植物物种多样性的主体，是生物多样性的重要组成，是维护与促进

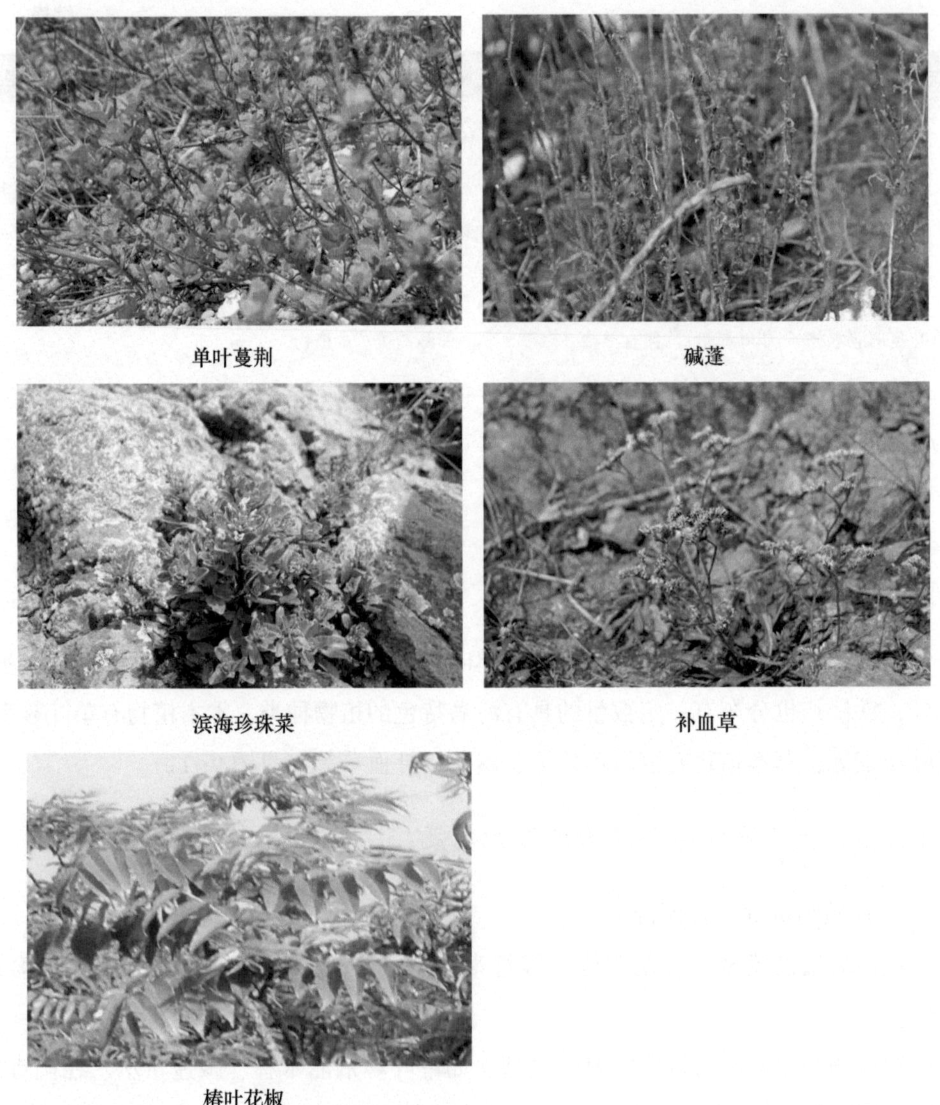

图 9-11　滨海特有植物

海岛生态系统稳定发展的基础。需依据《海岛保护法》的相关规定，加大宣传力度，依法保护铁沙屿的植物资源，保护其物种多样性。

加强对登岛人员的管理，尤其应制止祭祖烧香等可能引起森林火灾的行为；进一步加强对其天然植被和原生生境的保护，清理倒伏的树木、枯枝，以营造良好的生存空间，为其原生植物种质资源的繁衍提供保障。

加强有害生物防控，对调查中发现的加拿大一枝黄花等外来入侵植物，以及狗尾草类植物、野葛、五节芒等林业有害植物，建议派专业人员及时清除。尤其是加拿大一枝黄花，该种传播扩散能力强，分布极广，在铁沙屿的四周林缘、林窗及林道路边均有分布。此外，应加强病虫害监测与防治，严密监控火情，确保铁沙屿的生态平衡与安全。

9.1.5 陆生脊椎动物

9.1.5.1 两栖动物和爬行动物

（1）两栖动物

经野外调查和访问调查，铁沙屿未发现两栖类动物。岛内没有天然淡水源流出，但有4个水塘。其中一个水塘离地面1 m以上深，且长满绿色藻类及其他水生植物，不利于两栖动物爬/跳进出，因此不会有两栖动物存在；另外两个水塘虽然离地面不到10 cm，长满绿色水草和掉落许多枯枝，但经仔细调查与搜索，未见两栖动物的踪迹。

（2）爬行动物

经调查，铁沙屿仅发现1种爬行动物，即铜蜓蜥（*Sphenomorphus indicus*），属蜥蜴目石龙子科。该动物体形肥胖，头较小，头顶具对称的大鳞。吻短，吻端钝圆；吻鳞扁短，略呈三角形。眼睑发达，下眼睑被小鳞。鼻孔开口于鼻鳞中央，无上鼻鳞。外耳孔椭圆形，鼓膜内陷。通体被覆瓦状排列的圆鳞，鳞片均光滑无棱。颈部鳞片略小于体背中央，体两侧鳞片较小。尾部腹面鳞片较宽大，肛前鳞2枚。四肢发达，前后肢贴体相向时，指/趾端相遇，指长顺序为4、3、2、5、1，趾长顺序为4、3、5、2、1。指/趾侧扁，末端具爪。通常同龄的雌体较雄体大而长，但雄体的尾较雌体长。雄体的半阴茎为分叉型，分叉达全长之半。体背面古铜色，背中央有一条断断续续的黑纹。体两侧各有一条宽的黑褐色纵带，自眼前方，经体侧至尾基；部分个体由3~4条连续的黑色点线构成。四肢背面散有细黑点；腹面色浅，无斑。雄体眼后角到前肢间的黑带下缘具醒目的浅色镶边。

调查发现，该动物主要栖息于海岛阳坡位废弃的建筑物，活动于残垣断壁、草丛中。温暖季节自清晨至傍晚均在外活动觅食，但中午多见于阴凉处，以各种无脊椎动物为食。该动物国外分布于印度、缅甸、泰国和越南；国内分布北至河南、陕西、甘肃和西藏，南至云南、广西、广东、海南和台湾。

该动物能捕食昆虫，有利于人类；经过加工成中药材，有祛风、解毒、止痒的功能。2000年8月，国家林业局发布的《国家保护的有益的或者有重要经济、科学研究价值的陆生野生动物名录》中，把铜蜓蜥列为保护对象；也被列入《浙江省一般保护陆生野生动物名录》。

9.1.5.2 哺乳动物

经调查，铁沙屿仅发现1种哺乳动物，即喜马拉雅水麝鼩（*Chimarogale himalayica*），属劳亚食虫目鼩鼱科。

该动物别名水耗子、水老鼠、药老鼠。体似鼠但吻部尖细，头骨扁宽。足发达，具五趾；爪不长但相当锐利钩曲。系典型水陆两栖兽类，具一系列适应水生生活的形态结构特征：眼小；耳短，隐于毛被中，具半月形耳屏瓣，入水后可关闭耳孔，防水进入；四足及两侧密生扁硬短粗之刚毛，形成毛栉，呈蹼状，利于拨水；尾下两侧也有长毛形成的毛栉；毛被柔软致密，闪丝状光泽，具防水性能；短毛间杂有一些具灰白色亮尖的长毛，背中部少而体侧较多，尤以臀部最为长而密集。体背棕褐色，毛基蓝灰色，毛尖棕褐色，次端部灰白色。腹毛毛基深灰色，毛尖灰白色略染黄棕色。尾上褐色，尾下基部2/3左右污白色，其余部分与尾上同色。足背淡棕褐色，毛栉白色。

该动物营水陆两栖生活，善于游泳和潜水，筑巢于水边石隙内；行动敏捷，捕食小鱼、小虾、蟹、蝌蚪、蛙及水生昆虫。该动物数量稀少，有时捕食水中害虫，为有益动物。国内主要分布于浙江、河北、山东、山西、西藏等地。

9.1.5.3 鸟类

（1）鸟类种类

调查得知，铁沙屿共记录到鸟类18种，分属4目13科15属（表9-5）。其中，雀形目最多，有11种，占61.11%；其次是鸻形目，有4种，占22.22%；最后是鹳形目、隼形目和鸽形目，各有1种，分别占5.56%。

表9-5 铁沙屿记录到的鸟类名录

目	科	中文名	拉丁名
鹳形目	鹭科	夜鹭	*Nycticorax nycticorax*
隼形目	隼科	游隼	*Falco peregrinus*
鸻形目	鸻科	金眶鸻	*Charadrius dubius*
鸻形目	鸥科	普通海鸥	*Larus canus*
鸻形目	鸥科	西伯利亚银鸥	*L. vegae*

续表

目	科	中文名	拉丁名
鸻形目	鸥科	灰背鸥	*L. schistisagus*
鸽形目	鸠鸽科	山斑鸠	*Streptopelia orientalis*
雀形目	燕科	烟腹毛脚燕	*Delichon dasypus*
雀形目	鹎科	白头鹎	*Pycnonotus sinensis*
雀形目	鹎科	黑短脚鹎	*Hypsipetes leucocephalus*
雀形目	鸫科	虎斑地鸫	*Zoothera dauma*
雀形目	鸫科	白腹鸫	*Turdus pallidus*
雀形目	鸦雀科	棕头鸦雀	*Sinosuthora webbiana*
雀形目	扇尾莺科	棕扇尾莺	*Cisticola juncidis*
雀形目	莺科	远东树莺	*Horornis canturians*
雀形目	莺科	强脚树莺	*H. fortipes*
雀形目	山雀科	大山雀	*Parus major*
雀形目	燕雀科	锡嘴雀	*Coccothraustes coccothraustes*

（2）鸟类资源量

根据以下公式，计算各种鸟类的资源量，从而把记录的鸟类分为三种，即优势种、常见种和少见种。

$$资源量=\frac{各次调查记录的某种鸟的最大数量}{记录的所有鸟的总数量}\times 100\%$$

当资源量≥10%时，为优势种；当资源量在2%~10%时，为常见种；当资源量<2%时，为少见种（表9-6）。

表9-6 铁沙屿记录的鸟类资源量

种类组成	生态类群	动物区系		留居型					资源量
		东洋界	古北界	留鸟	冬候鸟	夏候鸟	迷鸟	旅鸟	
鹳形目（Ciconiiformes）									
鹭科（Ardeidae）									
夜鹭（*Nycticorax nycticorax*）	S	▲		▲					+

续表

种类组成	生态类群	动物区系		留居型					资源量
		东洋界	古北界	留鸟	冬候鸟	夏候鸟	迷鸟	旅鸟	
隼形目（Falconiformes）									
隼科（Falconidae）									
游隼（*Falco peregrinus*）	M	▲	▲	▲					+
鸻形目（Charadriformes）									
鸻科（Charadriidae）									
金眶鸻（*Charadrius dubius*）	S		▲		▲				++
鸥科（Laridae）									
普通海鸥（*Larus canus*）	Y		▲		▲				++
西伯利亚银鸥（*L. vegae*）	Y		▲		▲				++
灰背鸥（*Larus schistisagus*）	Y		▲		▲				++
鸠鸽科（Columbidae）									
山斑鸠（*Streptopelia orientalis*）	Z	▲		▲					++
雀形目（Passeriformes）									
燕科（Hirundinidae）									
烟腹毛脚燕（*Delichon dasypus*）	L	▲		▲					++
鹎科（Pycnonotidae）									
白头鹎（*Pycnonotus sinensis*）	L	▲		▲					+++
黑短脚鹎（*Hypsipetes leucocephalus*）	L	▲		▲					+++
鸫科（Turdidae）									
虎斑地鸫（*Zoothera dauma*）	L	▲		▲					+
白腹鸫（*Turdus pallidus*）	L	▲			▲				+
鸦雀科（Paradoxornithidae）									
棕头鸦雀（Paradoxornis webbianus）	L	▲		▲					+++
扇尾莺科（Cisticolidae）									
棕扇尾莺（*Cisticola juncidis*）	L	▲		▲					++
莺科（Sylviidae）									
远东树莺（*Horornis borealis*）	L		▲					▲	+

续表

种类组成	生态类群	动物区系		留居型					资源量
		东洋界	古北界	留鸟	冬候鸟	夏候鸟	迷鸟	旅鸟	
强脚树莺（*Cettia fortipes*）	L		▲	▲					++
山雀科（Paridae）									
大山雀（*Parus major*）	L	▲		▲					++
燕雀科（Fringillidae）									
锡嘴雀（*Coccothraustes coccothraustes*）	L		▲		▲				++

注：1. 生态类群：Y—游禽，S—涉禽，M—猛禽，Z—陆禽，P—攀禽，L—鸣禽；2. 资源量：+++为优势种，++为常见种，+为少见种。▲代表“是”的意思。

记录的鸟类中，优势种有白头鹎、黑短脚鹎和棕头鸦雀等 3 种，占铁沙屿鸟类总种数的 16.67%；常见种有金眶鸻、普通海鸥、西伯利亚银鸥、灰背鸥、山斑鸠、烟腹毛脚燕、棕扇尾莺、强脚树莺、大山雀和锡嘴雀等 10 种，占 55.56%；少见种有夜鹭、游隼、虎斑地鸫、白腹鸫和远东树莺等 5 种，占 27.78%。

（3）鸟类生态类群和区系

从生态类群看，记录的海岛鸟类中以鸣禽为主，有 11 种，占铁沙屿鸟类总种数的 61.11%；其次为游禽，有 3 种，占 16.67%；再次是涉禽，有 2 种，占 11.11%；最后是猛禽、陆禽，各有 1 种，分别占 5.56%（图 9-12）。这说明鸣禽居多，猛禽和陆禽最少。

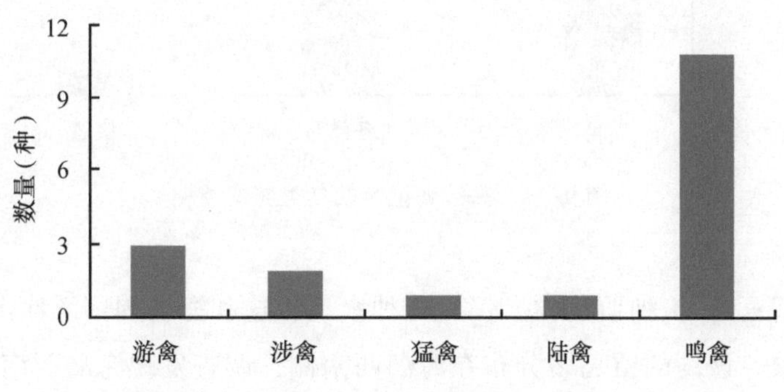

图 9-12 铁沙屿记录到的鸟类生态类群

按动物区系可分为东洋界种、古北界种和广布种。其中，东洋界有 11 种，占铁沙屿鸟类总种数的 55.56%；古北界有 7 种，占 38.89%；广布种（这里指既分布于东洋界，又分布于古北界的鸟类）有 1 种，占 5.56%（图 9-13）。这说明东洋界种居多，广布种最少。

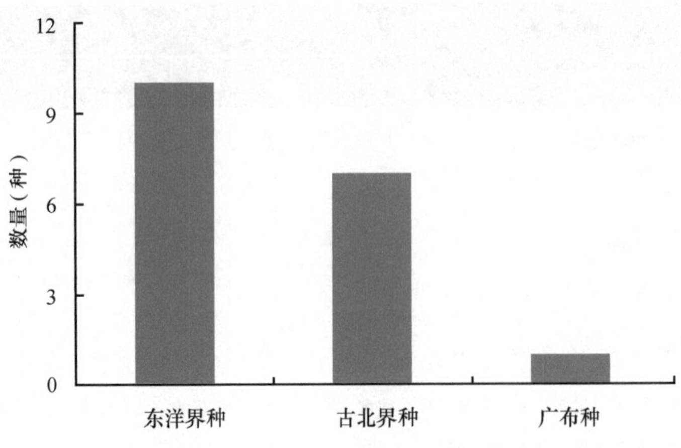

图 9-13　铁沙屿记录的鸟类区系

（4）迁居状况

按居留型组成可分为留鸟、冬候鸟、旅鸟。其中，留鸟 11 种，占铁沙屿鸟类总种数的 61. 11%；冬候鸟 6 种，占 33. 33%；旅鸟 1 种，占 5. 56%（图 9-14）。可以看出本次调查，鸟类以留鸟居多，旅鸟最少，未见夏候鸟和迷鸟。

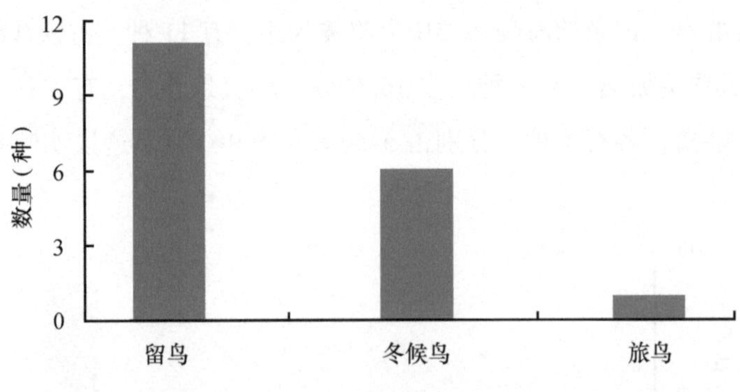

图 9-14　铁沙屿记录的鸟类居留类型

该海岛调查的 11 种留鸟中，仅有 1 种水鸟，这和海岛周围滩涂湿地栖息地匮乏有很大关系。该岛的留鸟多分布在海岛西南侧，调查发现海岛西南侧坡度较缓，主要由茂密的高大灌木、竹林等组成，且风力较小，有利于鸟类的栖息。东北侧面向外海，风大浪急，不利于植物生长发育，所以不利于动物寻找食物、御寒及繁殖。

海岛的迁徙鸟类包括冬候鸟和旅鸟两大类，共计 7 种，仅占铁沙屿鸟类总种数的 38. 89%。这说明鸟类很少光顾该岛，已知记录的鸻科（如金眶鸻）、鸥科（如普通海鸥、西伯利亚银鸥和灰背鸥等)，可能只是将该岛作为暂居地。

9.1.5.4 珍稀濒危动物

从保护级别看，铁沙屿记录的国家二级重点保护野生动物有游隼（*Falco peregrinus*）1种，在铁沙屿及其周围区域盘旋（表9-7）。在《濒危野生动植物种国际贸易公约》（CITES）中，列入附录Ⅰ中的物种有游隼1种。在《中国物种红色名录》中，列入易危（VU）的有喜马拉雅水麝鼩1种，列入近危（NT）的有游隼1种，其余18种（鸟类17种和爬行类1种）均列入低危级（LC)。上述18种也被列入《国家保护的有益的或者有重要经济、科学研究价值的陆生野生动物名录》和《浙江省一般保护陆生野生动物名录》。

表9-7 铁沙屿记录到的珍稀濒危鸟类

种类组成	国家重点保护野生动物名录	《中国物种红色名录》	CITES
游隼（*Falco peregrinus*）	Ⅱ	NT	附录Ⅰ

注：表中Ⅱ代表国家二级重点保护野生动物，NT代表近危。

除此之外，列入《中华人民共和国政府和澳大利亚政府保护候鸟及其栖息环境的协定》保护鸟类名录的有金眶鸻1种；列入《中华人民共和国政府和日本国政府保护候鸟和栖息环境的协定》中鸟类名录的有夜鹭、普通海鸥、西伯利亚银鸥、灰背鸥、虎斑地鸫、白腹鸫和锡嘴雀等7种。

9.1.6 海岛土壤

在自然界中，土壤为植物的生长发育提供了必要的条件，是植物生长的基质，尤其对铁沙屿的植物而言，由于无人对当地植物生长进行管理，因此，土壤的理化性质、土壤类型和土壤环境质量，对当地植物的生长发育起着至关重要的作用。对铁沙屿土壤的理化性质、土壤类型和土壤环境质量进行调查分析，有利于当地植被的维护。

9.1.6.1 采样点布设

本次土壤调查采样综合植被类型、海拔高度等因素，设置了三个采样点。

9.1.6.2 土壤理化性质

根据调查，铁沙屿土壤由岩浆岩类的流纹岩风化发育形成。根据《中国土壤分类与代码》（GB/T 17296—2009）定名为红壤。土壤理化性质概述如下。

（1）酸碱度

土壤的酸碱度是土壤最基本、最重要的化学性质，对营养元素的分解释放、植物的养分吸收、土壤肥力、微生物活动、土源病虫害的发生及植物的分布与生长有重要影响，大多数植物主要生长在微酸性至微碱性土壤中。铁沙屿土壤理化性质见表9-8。

表9-8 铁沙屿土壤理化性质测定结果

样号	pH值	有机质/%	全氮/%	全磷/%	全钾/%	<0.01 mm颗粒/%	质地	容重/（g/cm³）
1	5.49	2.99	0.144	0.042	1.784	51.0	重壤土	1.19
2	5.36	2.97	0.140	0.042	1.786	47.0	重壤土	1.12
3	5.47	2.63	0.132	0.037	1.779	36.0	中壤土	1.08

根据全国第二次土壤普查分级标准，将土壤的酸碱度分为6个等级（表9-9）。

表9-9 土壤pH分级

土壤pH值	<4.5	4.5~5.5	5.5~6.5	6.5~7.5	7.56~8.5	<8.5
等级	强酸	酸性	微酸	中性	碱性	强碱

由调查结果可知，铁沙屿土壤pH值为5.36~5.49，为酸性土。

（2）有机质

有机质是指存在于土壤中所含碳的有机物质，包括土壤中各种动植物的残体、微生物体及其会分解和合成的各种有机质。土壤有机质的含量与土壤肥力、环境质量、土壤的可持续利用等方面具有十分重要的作用和意义。有机质含有植物生长所需要的各种营养元素，提供土壤微生物生命活动的能量，对土壤物理、化学和生物学性质有着深刻的影响。另外，土壤有机质对重金属等各种污染物的化学行为有显著的影响。土壤有机质对全球的碳平衡也具有重要的意义，是影响全球“温室效应”的主要因素。

根据全国第二次土壤普查分级标准，将土壤的有机质分为6个等级（表9-10）。

表9-10 土壤有机质分级

有机质/（g/kg）	>40.0	30.0~40.0	20.0~30.0	10.0~20.0	6.0~10.0	<6.0
等级	一级	二级	三级	四级	五级	六级

铁沙屿土壤有机质为2.63~2.99，为三级，土壤有机质含量在中等水平。

（3）质地

土壤质地是土壤最重要的物理性质之一，影响土壤的水、肥、气、热等各个肥力因子及土壤的耕性。土壤质地状况决定于成土母质（岩）、气候、地形、地表植被、人为活动等因素，土壤质地一般分为砂土、壤土和黏土3类。

根据卡庆斯基制土壤质地分类，按粒径小于0.01 mm的物理性黏粒含量并对应不同土壤类型划分质地可得，铁沙屿土壤为中壤土和重壤土（表9-11）。

表9-11　卡庆斯基制土壤质地分类

物理性黏粒［<0.01 mm（g/kg）］	物理性砂粒［>0.01 mm（g/kg）］	土壤质地名称
0~50	1000~950	松砂土
50~100	950~900	紧砂土
100~200	900~800	砂壤土
200~300	800~700	轻壤土
300~450	700~550	中壤土
450~600	550~400	重壤土
600~750	400~250	轻黏土
750~850	250~150	中黏土
>850	<150	重黏土

（4）全氮

土壤全氮含量也是评价土壤肥力状况的重要指标之一，同时氮元素也是构成一切生命体必需的生长元素，植被的生长需要大量土壤中的氮，氮素是蛋白质的基本成分，影响植物的光合作用和根生长，土壤含氮的多少，在一定程度上影响植物对磷和其他元素的吸收。土壤中的氮主要来源于生物，其中凋落物的分解是土壤中氮元素的主要来源。根据全国第二次土壤普查分级标准，将土壤全氮分为6个等级（表9-12）。

表9-12　土壤全氮分级

全氮/（g/kg）	>2.0	1.5~2.0	1.0~1.5	0.75~1.0	0.5~0.75	<0.5
等级	一级	二级	三级	四级	五级	六级

铁沙屿土壤全氮含量为 1.32~1.44，处于三级水平，土壤全氮含量较高。

(5) 全磷

磷是植物生长发育所必需的大量营养元素之一，它既是植物体内许多重要有机化合物的组分，同时又以多种方式参与植物体内各种代谢过程。土壤是植物磷营养的主要来源，由于磷是以沉积的形式存在和贮存的，而且在土壤中具有特定的化学行为，使其在当季作物的利用率仅为 10%~25%。因此，土壤中磷的含量、存在形式及其有效性对作物磷素吸收极为重要。

根据全国第二次土壤普查分级标准，将土壤全磷分为 6 个等级（表 9-13）。

表 9-13 土壤全磷分级

全磷/（g/kg）	>1	0.8~1	0.6~0.8	0.4~0.6	0.2~0.4	<0.2
等级	一级	二级	三级	四级	五级	六级

铁沙屿土壤全磷含量为 0.37~0.42 g/kg，处于四五级水平，土壤全磷含量偏低。

(6) 全钾

土壤中的钾能够促进光合作用，提高二氧化碳（CO_2）的同化率。钾能促进叶绿素的合成，能改善叶绿体的结构，同时钾能促进叶片对 CO_2 的同化。

根据全国第二次土壤普查分级标准，将土壤全钾分为 6 个等级（全钾含量越低，土壤全钾养分越差）（表 9-14）。

表 9-14 土壤全钾分级

全钾/（g/kg）	>25	20~25	15~20	10~15	5~10	<5
等级	一级	二级	三级	四级	五级	六级

根据以上分析，铁沙屿土壤全钾含量为 17.79 ~17.86 g/kg，为三级，土壤全钾含量为中上水平。

(7) 微量元素

微量元素是指植物生长发育所必需，但需要量很少的营养元素。由于微量元素在植物体中多为酶、辅酶的组成成分和活化剂，其作用有很强的专一性，一旦缺乏，植物便不能正常生长，甚至成为作物产量和品质的限制因子。植物中的微量元素有铁、锰、铜、锌、硼、钼、氯、镍和硅。另外，铁元素和锰元素在土壤中属于丰富元素，但一般情况下它们在土壤中的有效性较低，植物吸收也很少，故从植物营养角度仍将它们列为微量元素。有些元素超过一定含量会对土壤造成污染，被称为重金属污染，铁沙屿土壤有效态元素测定结果见表9-15。

表9-15　铁沙屿土壤有效态元素测定结果

样号	铁/（mg/kg）	锰/（mg/kg）	铜/（mg/kg）	锌/（mg/kg）
1	768.33	10.7	0.79	7.58
2	767.47	11.1	0.78	7.39
3	761.89	9.8	0.74	7.13

①有效铜。铜离子进入土壤后，大部分与其中的无机、有机组分发生吸附、络合、沉淀等作用，形成碳酸盐、磷酸盐等形式，只有少部分以水溶态和离子交换态存在，后者可有效地影响土壤微生物的代谢活性而被称为有效铜。根据土壤微量元素含量分级（表9-16），铁沙屿土壤有效铜含量为0.74~0.79 mg/kg，有效铜含量为三级，处于中等水平。

表9-16　土壤有效铜含量分级

等级	一级	二级	三级	四级	五级
有效铜/（mg/kg）	>1.8	1.0~1.8	0.2~1.0	0.1~0.2	<0.1

②锌、铁、锰含量。土壤中微量元素含量分布的变化很大，微量元素的供给水平受成土母质、土壤类型、土壤理化性质、水分动态等共同影响。在我国主要土壤中，铁的含量一般大于14 g/kg，锌元素含量一般为3~790 mg/kg，锰元素的含量一般为42~5 500 mg/kg。根据调查，铁沙屿土壤中锌、铁和锰的含量均不高（见表9-15）。

9.1.6.3　土壤类型分析

土壤的类型与分布受地形、气候、母质、水文等自然条件和人类活动的影响，有着明显的区域分布的特征。根据浙江省沿海岛屿丘陵地土壤特性的研究，浙江省沿海岛屿土壤的母岩母质主要为花岗岩、流纹岩、玄武岩以及第四纪红色壤土。依据《中国土壤分类与代码》（GB/T 17296—2009），铁沙屿土壤为流纹岩发育形成的红壤。

9.1.6.4　土壤环境质量评价

输入土壤环境中的足以影响土壤环境正常功能、降低作物产量和生物学质量、有害人体健康的那些物质，统称为土壤环境污染物。土壤环境污染物的类型目前尚无一致的划分方法，分为土壤无机污染物和有机污染物是最常见的。

土壤无机污染物包括有毒元素和其他无机污染物等。有毒元素包括重金属污染物（汞、铅、铬、镉、铜、镍等）和非金属（砷等），但通常也把砷作为重金属进行分析。汞、镉、铅、铬、砷是危害较大的污染元素。另外，由于土壤中铁和锰含量较高，因而一般认为它们不是土壤污染元素。

重金属对土壤环境的污染危害最为严重，重金属能够抑制土壤酶的活性中心，而土壤酶是土壤各类酶的总称，能够稳定、直观地反映出土壤肥力以及土壤生物化学过程的强度和方向，所以重金属能够间接地对土壤肥力及土壤的生物化学过程产生影响。另外，土壤重金属会抑制植物根系伸长直至停止，致使叶片退绿、出现褐斑等生理特征的改变，并且导致茎和叶对微量元素的吸收能力下降。土壤中的重金属很容易被植物吸收，通过食物链进入人体，危及人类的健康。

土壤环境质量评价标准和评价方法主要依据国家《土壤环境质量 农用地土壤污染风险管控标准（试行）》（GB 15618—2018）开展（见表9-17）。

表9-17 农用地土壤污染风险筛选值（基本项目） 单位：mg/kg

污染项目	风险筛选值			
	pH≤5.5	5.5<pH≤6.5.5	6.5<pH≤7.5	pH>7.5
铬（水田）	250	250	300	350
（其他）	150	150	200	250
镉（水田）	0.3	0.4	0.6	0.8
（其他）	0.3	0.3	0.3	0.6
铅（水田）	80	100	140	240
（其他）	70	90	120	170
砷（水田）	30	30	25	20
（其他）	40	40	30	25
铜（水田）	150	150	200	200
（其他）	50	50	100	100
镍≤	60	70	100	190
锌≤	200	200	250	300

我国用来评价重金属元素积累污染程度的通用方法是单因子污染指数法，评价标准的参考值选取的是土壤元素背景值。计算公式如下：

$$P = \frac{C_i}{S_i} \tag{9-1}$$

式中：P——单因子重金属污染物指数；

C_i——污染物的实测浓度，单位为 mg/kg；

S_i——土壤环境污染物的评价标准，单位为 mg/kg；

i——待评价重金属。

上述模式计算简单，物理意义清楚，得到了广泛的应用。P 越大，污染越严重。按单项污染指数对土壤污染程度进行划分，见表 9-18。

表 9-18　土壤污染程度分级

污染等级	未污染	轻度污染	中度污染	重度污染
指数范围	$P \leq 1.0$	$1.0 < P \leq 2.0$	$2.0 < P \leq 3.0$	$P > 3.0$

铁沙屿属于无居民海岛，土壤环境质量的评价标准采用国家《土壤环境质量　农用地土壤污染风险管控标准（试行）》（GB 15618—2018）中的一级标准，即“未污染”（表 9-18）。铁沙屿土壤中只有镉元素、铅元素超过一级标准值，其他元素均在一级自然背景值之内（表 9-19）。土壤中只有镉和铅元素出现轻度污染，其他元素未出现污染（表 9-20）。

表 9—19　土壤重金属元素测定结果（mg/kg）

样号	砷	镉	铬	铜	铅	镍	锌
1	9.82	0.37	44.59	23.43	38.93	28.37	78.71
2	9.85	0.36	44.67	23.37	38.46	28.92	78.96
3	9.27	0.34	42.83	22.89	36.79	27.36	76.29

表 9-20　土壤重金属元素污染指数

样号	砷	镉	铬	铜	铅	镍	锌
1	0.655	1.85	0.495	0.669	1.11	0.709	0.787
2	0.657	1.80	0.496	0.668	1.10	0.723	0.790
3	0.618	1.70	0.476	0.654	1.05	0.648	0.763

9.1.7 铁沙屿开发利用现状调查

9.1.7.1 铁沙屿开发利用现状

铁沙屿已实施的开发利用活动比较简单，主要有农林牧渔业、公共服务及其他（图 9-15）。

图 9-15　铁沙屿岛陆开发利用现状

（1）农林牧渔业

宁海县人民政府在铁沙屿颁发有 36 亩（约合 24 000 m^2）公益林林权证，林地所有权和使用权权利人为峡山村。

（2）公共服务

2011 年，浙江省人民政府在岛上设铁沙屿名称标志碑，位于海岛南侧，占地约 2 m^2（图 9-16）。

（3）其他

海岛邻近地区的村民在海岛中部和东南侧建有四个水塘（图 9-17），总面积约 240 m^2。码头上岛处建有约 12 m 长、1.5 m 宽的水泥道路（图 9-18）。

9.1.7.2 铁沙屿周边海域开发利用现状

铁沙屿周边海域开发活动较少（图 9-19），海岛西北侧 260 m 处海域有牡蛎养

图 9-16　海岛名称标志碑

图 9-17　铁沙屿上的水塘

殖活动，养殖面积约 2 600 m^2（图 9-20）；海岛东南侧海域分布有白石水道，呈东北—西南走向；海岛南侧近岸海域建有旅游码头一座，海域使用权人为宁海县宁海

图 9-18　铁沙屿上的水泥道路

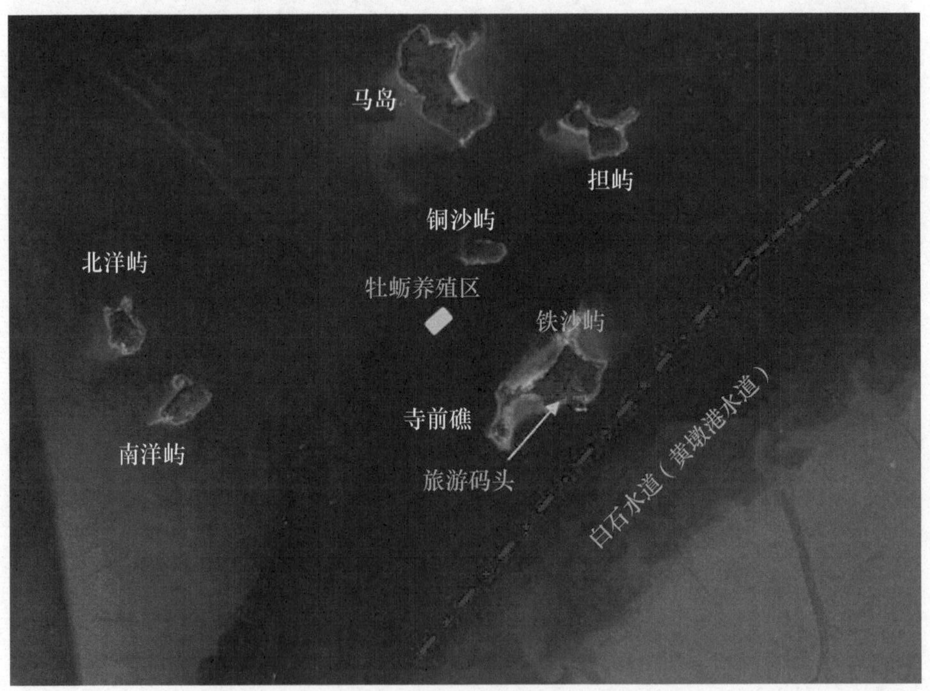

图 9-19　铁沙屿周边海域开发利用现状

湾旅游投资开发有限公司，使用海域面积为 0.635 5 hm^2，用海类型为旅游基础设施用海（图 9-21）。

图 9-20 铁沙屿西北侧海域牡蛎养殖

图 9-21 铁沙屿南侧近岸海域的旅游码头

9.2 铁沙屿保护和利用规划

9.2.1 总则

（1）规划目的

为了加强铁沙屿的管理、保护海岛的生态环境、促进海岛的合理利用，为地方政府及自然资源和规划、生态环境等涉海涉岛管理部门引导铁沙屿的保护和利用、审批海岛使用申请、监管海岛使用活动提供依据，依据《海岛保护法》及其配套制度的相关规定，结合铁沙屿的自然地形地貌特征及当前周边海域已有的开发利用现状，编制铁沙屿保护和利用规划。

（2）规划主要内容

根据相关规划对铁沙屿的定位，结合铁沙屿的自然和资源情况以及已有的开发利用现状，遵照有利于保护和改善海岛及其周边海域生态系统，促进海岛经济社会可持续发展的原则，划定铁沙屿的保护区域和开发利用区域，明确保护区保护的主要对象，提出保护区保护的具体措施和海岛开发利用活动要求。

（3）规划范围

规划的范围为铁沙屿海岸线以上陆域部分。

（4）规划期限

规划的基准年为 2019 年，规划期限为 2020—2025 年。

9.2.2 铁沙屿保护区的区域和内容

9.2.2.1 划定铁沙屿保护区的范围

根据铁沙屿地形地貌特征、植被分布、岸线类型、开发利用现状及周边海域资源情况，铁沙屿分为保护区和开发利用区（图 9-22，表 9-21）。

表 9-21 规划各分区基本统计数据

编号	功能区类型	投影面积和百分比	
		面积/m^2	百分比/%
1	保护区	18 370.17	56.84
2	开发利用区	13 948.44	43.16

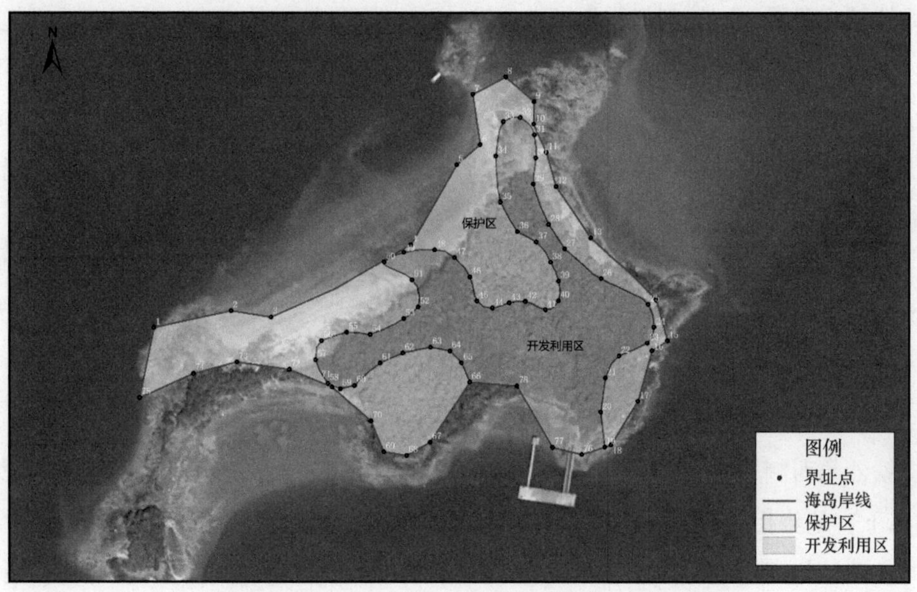

图 9-22 铁沙屿保护和开发利用分区布局

铁沙屿岛陆总投影面积约为 32 318.61 m^2，其中保护区面积 18 370.17 m^2，占规划区域总面积的 56.84%，符合《县级（市级）无居民海岛保护和利用规划编写大纲》中“单岛保护区面积一般不小于单岛总面积的三分之一”的规定要求；开发利用区面积 13 948.44 m^2，占规划区域总面积的 43.16%。铁沙屿保护和开发利用空间分区及依据如下。

（1）铁沙屿保护区

铁沙屿保护区主要保护铁沙屿海岛植被（含海岛特色植物）、自然岸线和名称标志碑等。该区域岛陆投影面积为 18 370.17 m^2，占铁沙屿总面积的 56.84%。

铁沙屿山体植被长势较为茂盛、植被资源较为丰富，对于全岛生态系统健康与生态安全起着至关重要的作用。由于海岛地理位置比较独特，同陆域生态环境相比，海岛生态系统较为单一，多以植被群落构成，结构与功能稳定性较为脆弱，极易遭受外界干扰，且自我修复能力较差，人工恢复也较为困难，一旦遭受破坏，将直接影响海岛生态环境的稳定性。保护好海岛植被生态系统的生态完整性不受干扰和破坏，对于维持海岛植物物种多样性以及保护岛屿景观生态系统稳定性，增强海岛生态系统健康水平和维护海岛生态安全水平具有重要的意义和科学研究价值。铁沙屿保护区北侧和南侧植被茂盛，覆盖率高，椿叶花椒、碱蓬等海岛特色植被等也多分布在该区域。

铁沙屿是典型的基岩岛，海岛地形起伏不平，在地势起伏大、坡度陡的区域生态系统较为脆弱，应特别加强保护，以防止水土流失带来的海岛地形破坏和生态损失。针对海岛陡峭区域，一旦破坏其地面植被和地形，在降雨的影响下，极有可能造成地表的冲刷侵蚀。坡度大、土层薄等区域特征将导致地表水流速快，冲刷强度加大，甚至有引发泥石流或山体崩塌等地质灾害的风险。铁沙屿保护区西侧和东侧岛陆基本囊括了岛上坡度大于50°的区域，应加强生态环境保护。

同时，铁沙屿海岛名称标志碑位于保护区南侧，海岛名称标志是海岛的“身份证”，将作为保护对象开展保护工作。

综上所述，将铁沙屿西侧、东侧及西南侧区域划为保护区。

（2）铁沙屿开发利用区

铁沙屿西侧近中部区域海拔相对较高，为10～17 m，视野开阔，且坡度多在25°以下，地势相对平缓，适宜用作景观平台等旅游基础设施建设，开发旅游活动；同时，铁沙屿南侧近码头区域，海拔较低，均在10 m以下，且地势平缓，坡度多在25°以下，靠近已建码头，交通便利。根据合理利用、注重实效的原则，将上述区域规划为铁沙屿开发利用区。该区域岛陆投影面积为13 948.44 m^2，占铁沙屿总面积的43.16%。

9.2.2.2 铁沙屿保护区保护的主要对象

根据《关于印发〈县级（市级）无居民海岛保护和利用规划编写大纲〉的通知》（国海岛字〔2011〕332号）、《无居民海岛开发利用审批办法》及《浙江省无居民海岛开发利用管理办法》等文件相关要求，结合铁沙屿的实际情况，确定主要保护对象为海岛自然岸线、海岛植被和海岛名称标志碑。

（1）自然岸线

铁沙屿自然岸线大部分为原生基岩海岸，长度约为991.6 m，基岩岸线对于支撑岛陆生态系统具有重要的生态价值，且受海浪长期侵蚀与冲刷，也形成了部分海蚀地貌，成为具有一定保护价值的海岛岸线资源；同时，海岛西侧还分布有109.4 m长的宝贵原生砂砾质岸线，也需要作为重点保护对象。

（2）海岛植被

铁沙屿的植被均为天然植被，受人为干扰较少，以落叶阔叶林和灌木林为主，两者的面积之和约占整个植被面积的85%，是海岛生态系统的核心支撑区域，也是重要的林木景观资源。对铁沙屿的主要植被进行保护，有利于保护铁沙屿岛体，防止山体崩塌、水土流失等地质灾害的发生。本岛植被生态系统属于极易受外界干扰的脆弱生态系统，因此需加以有效保护。

铁沙屿零散分布有椿叶花椒、单叶蔓荆、碱蓬、补血草、滨海珍珠菜等海岛特色植物。众多的特色植物组成了铁沙屿特色植物的区系成分，构建了特色天然植被，如单叶蔓荆灌丛、碱蓬草丛等，其建群层片的优势种相对贫乏，优势性和特色性相对明显；山合欢林、朴树林、野桐林和苦楝林等天然阔叶植被类型在局部沟谷地带发育较好，对保护海岛的植物物种多样性和特有性，改善和提升其生态环境、维护生态平衡发挥了良好的作用。

（3）海岛名称标志碑

2011 年 10 月，浙江省人民政府在铁沙屿的东侧设置了海岛名称标志碑，面积约 2 m^2。海岛名称标志是海岛的“身份证”，《海岛保护法》第六条规定，“沿海县级以上地方人民政府应当按照国家规定，在需要设置海岛名称标志的海岛设置海岛名称标志”，“禁止损毁或者擅自移动海岛名称标志”。设立海岛名称标志，是海岛地名规范化和标准化的体现，为社会提供全面、准确的海岛名称信息，是海岛规范化管理工作的基础。海岛名称标志关系到海域权、航海、渔业、科研和海洋资源开发利用等各项工作，对提高海洋行政主管部门管理水平和公共服务能力具有重要意义。

9.2.3 铁沙屿保护区保护的具体措施

9.2.3.1 严格按照规划编制《铁沙屿开发利用具体方案》

无居民海岛开发利用具体方案是国务院和省级人民政府审批项目用岛的重要内容，也是各级海洋行政主管部门实施海岛用途管制、海岛生态保护、事中事后监管的主要依据。具体方案的编制应符合《海岛保护法》《无居民海岛开发利用审批办法》、海洋主体功能区规划、各级海岛保护规划、海洋功能区划、海洋生态红线以及其他有关法定规划、政策和技术规范等的要求。

因此，对铁沙屿进行开发利用之前，必须严格按照规划编制《铁沙屿开发利用具体方案》，以满足规划对保护区和主要保护对象的要求。

9.2.3.2 铁沙屿保护区养护和维护的具体办法

（1）设置保护区域界标和标牌

铁沙屿保护功能区域应设置界标。可在铁沙屿保护区和铁沙屿开发利用区交界的拐点处设置若干个界标，如有必要设置隔离带网。保护区域界标应标示保护范围示意图、保护宣传标语，以告知上岛人员保护区域界线、保护对象和保护要求，避免人类活动对保护对象造成破坏。

(2) 开展海岛植被的养护工作

开展铁沙屿典型植物群落特征调查，全面掌握岛上典型植物的种群数量、大小分布、组成和分布地点等。应对单叶蔓荆、椿叶花椒、滨海珍珠菜、碱蓬和补血草等海岛特色物种进行生境的保护和维护，以确保这些植物不被破坏。

根据需要，定期开展海岛植被病虫害防治。加强对美洲商陆、加拿大一枝黄花、喜旱莲子草等外来物种的监测和清理工作。

(3) 开展海岛名称标志的维护工作

加强对名称标志的日常检查工作，针对名称标志可能出现的破损、倾倒、字迹模糊褪色等问题，采取切实可行的措施维护海岛名称标志。

(4) 建设巡护交通设施

根据铁沙屿管理需求，可以在保护区建设便道和巡护步道等必要的交通设施，以满足海岛巡护、防火、监测和日常管理的需求。交通设施的建设应与海岛自然生态景观相协调，不得以管护为名，铺设旅游道路，破坏生态环境。

9.2.3.3 铁沙屿保护区保护经费的来源

铁沙屿保护区的保护经费主要来源于海岛使用权人及自然资源管理部门的日常管理经费。对满足国家、地方有关海域海岛专项资金要求的，可以申请专项资金。

9.2.3.4 相关单位对铁沙屿保护区的责任和义务

(1) 严格执行《海岛保护法》规定的保护义务

相关单位应当按照《海岛保护法》的要求，承担铁沙屿相应的保护义务，主要包括：

第十六条 国务院和沿海地方各级人民政府应当采取措施，保护海岛的自然资源、自然景观以及历史、人文遗迹。

第十九条 国家开展海岛物种登记，依法保护和管理海岛生物物种。

第二十二条 国家保护设置在海岛的军事设施，禁止破坏、危害军事设施的行为。国家保护依法设置在海岛的助航导航、测量、气象观测、海洋监测和地震监测等公益设施，禁止损毁或者擅自移动，妨碍其正常使用。

(2) 明确相关单位的责任和义务

宁海县自然资源和规划局在浙江省自然资源厅和宁波市自然资源和规划局的指导下，依据无居民海岛的法律法规，实施铁沙屿保护区的管理工作。进一步加强海岛的巡航执法检查制度，积极配合上级海监部门开展定期维权巡航执法活动，对违规破坏海岛资源和生态的行为进行查处。

开发单位应严格遵守《海岛保护法》和《铁沙屿保护和利用规划》的相关规定，针对各保护区的保护要求，制定植被、海岛名称标志等保护对象的保护方案以及山林火灾、地质灾害等应急方案。同时，应做好海岛的日常保护工作，指定专人协助自然资源主管部门，进行海岛保护的监督检查工作。

9.2.3.5 铁沙屿保护区要达到的保护目标

铁沙屿保护区总体保护目标：保持海岛的完整性和稳定性，维持铁沙屿开发和保护的协调性，促进铁沙屿的可持续利用。

（1）岸线的保护目标

维持基岩和砂质等自然海岸线的稳定性，防止岸线侵蚀。

（2）植被保护区域的保护目标

植被保持原生态，群落结构稳定；土壤保持稳定，不出现水土流失现象，海岛生态和景观得到有效保护。

（3）人工设施保护目标

海岛名称标志碑保持碑体完好。

9.2.4 对铁沙屿开发利用活动的要求

无居民海岛开发利用应遵循保护优先、合理开发、永续利用、集约节约、绿色低碳的原则，科学布局工程建设内容，合理确定开发强度；严守生态红线，提出切实可行的生态保护方案并实施。

9.2.4.1 不得建设对海岛环境有严重影响的项目

依据《产业结构调整指导名录》，禁止淘汰类产业项目在铁沙屿开发建设，严格控制限制类产业项目在铁沙屿开发建设。在铁沙屿开发利用项目中应加强新能源、新材料和新技术的应用。倡导绿色、环保、低碳、节能理念，鼓励探索海岛开发利用新模式。项目施工前，应按照生态环保管理部门相关要求，开展项目环境影响评价工作。

应将开发者的技术投入和对资源利用的效益情况作为主要考虑因素，严格禁止开发档次低、严重毁坏或浪费无居民海岛资源的项目进入，避免低水平的重复建设。严禁只顾开发面积而不顾开发质量的粗放型利用模式和只顾开发数量而不顾环境保护的毁坏式开发项目。

9.2.4.2 开发活动期间要对海岛采取的保护措施

铁沙屿开发活动应合理安排建设项目的空间布局和建设时序，自然资源主管部门应采用定期与不定期相结合的方式进行现场监督检查。相关具体保护措施如下。

（1）地形地貌的保护措施

铁沙屿开发利用应充分利用原有地形地貌，避免过度采挖土石。确需采挖土石方且采挖面积达到用岛面积15%以上的用岛项目，应专题论证。应制定减少对铁沙屿地形地貌破坏的保护措施或整治修复方案，涉及严重改变地形地貌的用岛项目，或在施工过程中对地形地貌造成严重破坏的，应提出保护海岛地形地貌的生态修复方案和生态补偿方案。

（2）海岸线的保护措施

铁沙屿开发利用应避免破坏自然岸线资源，对于改变原有海岸线长度达到使用海岸线长度10%以上的用岛项目，应专题论证，严禁占用原生砂砾质岸线。在铁沙屿海岸线及周边海域修建码头、房屋等建筑物和设施，鼓励采用透水构筑物形式或者桩基方式，例如栈桥式码头、栈道、高脚屋等。在铁沙屿上，建筑物和设施等仅允许建在开发利用区，且应与海岸线保持适当距离，避免占用自然岸线。

应制定减少对铁沙屿海岸线影响的保护措施或整治修复方案，占用铁沙屿自然岸线的用岛项目，应结合项目实际，提出生态化保护与修复方案，提高新形成岸线的生态化、绿色化、自然化水平。

（3）动植物资源的保护措施

铁沙屿开发利用应避免破坏海岛植被。对于海岛植被减少面积达到用岛范围内植被总面积15%以上的用岛项目，应专题论证。铁沙屿项目用岛应制定减少对海岛植被影响的措施或植被修复方案。当项目用岛区域分布有较多海岛特色植物或高大乔木时，需制定相应的就地保护方案，确需移植的，应制定切实可行的迁地保护方案，并对种质资源采取相应的收集和保持措施。在铁沙屿进行绿化、生态修复等保护活动，应尽量采用原有物种或者本地物种，避免造成生态灾害。

铁沙屿开发项目建设区域应避开喜马拉雅水麝鼩的主要栖息地，施工时间安排应避开鸟类以及周边海域海洋生物的产卵季节等时节。

（4）人工设施的保护措施

海岛开发利用应加强对铁沙屿海岛名称标志的保护。

（5）建筑物和设施的设计要求

铁沙屿开发利用项目的建筑物和设施的设计应符合国家相关标准和规范，并充分考虑海岛实际情况，色彩选用应尽量与周围景观相协调，以实现建筑物和设施与海岛自然环境的最佳融合。建筑物应合理安排建筑密度，整岛容积率不大于1，整岛建筑密度不大于20%。

对于有高差的地形，建筑物和设施在设计时应尽可能地利用原有地形满足功能上的要求，尽量减少土方工程量，减少对海岛地形地貌的破坏。建筑物和设施应选用节能环保、防潮防腐的建筑材料。建筑物和设施应符合防火、消防、卫生等国家相关标准。

（6）废水和固体废弃物处理要求

铁沙屿开发利用过程中产生的废水，经达标处置，满足《城市污水再生利用城市杂用水水质》（GB/T 18920—2020）标准后，开展回收利用。开发期间产生的固体废物，应按照规定进行无害化处理、处置，禁止在岛上弃置或者向周边海域倾倒。

9.2.4.3 项目在运营期间不得对环境造成危害

铁沙屿开发单位必须根据项目实际情况，如产生污水、固体废弃物等生产生活垃圾的，应按照国家和地方有关规定采取有效性高、操作性强的方法进行处理、处置或回用。

（1）污水、废水应达标处理

铁沙屿运营期间产生的污水、废水，经达标处置，满足《城市污水再生利用 城市杂用水水质》（GB/T 18920—2020）标准后，开展回收利用，并建立雨污分流的两套系统以节约淡水用水。

（2）废气应达标排放

铁沙屿废气排放标准应高于《大气污染物综合排放标准》（GB 16297—1996）等国家及地方相关标准。废气排放、处理设施及场地布置应注意海岛风向，避免对本岛及周边海岛造成影响。可能造成粉尘污染的物品不可露天堆放。

（3）固体废物应达标处理

严禁在铁沙屿弃置、填埋固体废弃物。固体废弃物应外运出岛，也可按照规定采用无害化处理方式进行处置，处置率应达到100%。铁沙屿工业固体废物的贮存、处置必须符合《一般工业固体废物贮存和填埋污染控制标准》（GB 18599—2020）要求。

9.2.4.4 利用海岛的单位和个人应承担海岛保护的义务

（1）严格执行《海岛保护法》规定的保护义务

应当依据《海岛保护法》，对铁沙屿的开发利用活动规定具体的保护义务，其中包括《海岛保护法》第三十条规定："从事全国海岛保护规划确定的可利用无居民海岛的开发利用活动，应当遵守可利用无居民海岛保护和利用规划，采取严格的生态保护措施，避免造成海岛及其周边海域生态系统破坏。"第三十二条规定："经批准在可利用无居民海岛建造建筑物或者设施，应当按照可利用无居民海岛保护和利用规划限制建筑物、设施的建筑总量、高度以及与海岸线的距离，使其与周围植被和景观相协调。"

（2）开发单位的责任和义务

开发单位应根据《铁沙屿保护和利用规划》，委托相关技术单位编制《铁沙屿开发利用具体方案》和《铁沙屿使用项目论证报告》，委托有资质的单位进行设计和施工，要预留经费，保障人、财、物的到位。

开发单位在做开发利用具体方案和项目论证时，应尽可能采用集约、节约用岛的方案，将对海岛环境和生态的影响降到最低，尽量维持岛体原貌、特色植被、原始岸线等，尽可能减少项目施工和运营对铁沙屿周边海域环境和生态造成不利影响。

积极配合自然资源主管部门做好海岛保护的监督检查工作；应做好铁沙屿旅游容量评估，限制每日登岛游客数量；对企业员工进行保护海岛的宣传教育，对上岛的工作人员或游客做好海岛保护友情提示工作，增强企业员工和游客的海岛保护意识。

9.2.4.5 开发利用项目应采取的防灾减灾措施

铁沙屿作为一个无居民海岛，主要从森林火灾、台风、山体滑坡等方面采取防灾减灾措施。铁沙屿开发利用前应进行灾害调查，制定突发事件应急预案，合理设置防灾减灾设施，保证海岛人员安全等。

（1）森林防火

铁沙屿植被覆盖率较高，因此在开发活动中对森林火灾要有应急预案。应在海岛的醒目处标注森林防火广告牌和警示语，落实防火安全措施；提高游客的森林防火安全意识，禁止在丛林内吸烟以及野外用火；切实做好防火防灾准备，建立防火隔离带；组建并培训专业和业余消防队伍。

（2）预防台风

铁沙屿每年7—9月台风活动频繁，时有破坏性较大的台风来袭，期间有大风、暴雨，并伴有风暴潮。因此，海岛上房屋的选址以及建造必须充分考虑抗风性，在台风来之前应派人专门巡查，对树木、广告牌等进行加固。另外，要做好游客预防台风、增强安全意识的宣传工作，在必要时封闭海岛，不接待游客。

（3）山体滑坡预防和治理

开发利用前，应委托有资质的单位开展地质勘查工作，查清铁沙屿地质情况和潜在的地质灾害。在开发建设中不得有大量的爆破行为，以免引起山体滑坡。建筑或旅游设施要选择远离有地质灾害风险的地段。一旦发现有滑坡倾向，需要设置示警标志，并派专业人员进行监测和勘察。尽量做到滑坡事前防治，山体滑坡出现后应及时处理，避免出现不必要的伤亡和损失。

9.3 铁沙屿开发利用具体方案

9.3.1 项目建设内容

（1）项目概况

铁沙屿开发利用项目将建设游客服务中心、综合服务区、配电房、观景廊道、观景平台、滑道及配套工程。其中，铁沙屿游客服务中心、综合服务区是铁沙屿开发项目中的重要综合服务设施。

（2）项目建设规模

经计算，铁沙屿环境日游客最大容量为 1 146 人/天。根据铁沙屿环境日游客最大容量计算旅游配套设施规模，以主要建筑游客服务中心的规模为基准。根据相关规范，对于游客服务中心而言，人均占用面积为 10 m^2，一天内的周转率按 4 次计算，因此计算得出游客服务中心的可接待游客面积应为 2 865 m^2，再根据使用面积系数计算游客服务中心的建筑面积最大不超过 3 400 m^2。

其他旅游配套设施——综合服务区、观景平台和滑道，根据游客服务中心的规模进行配套设计（表 9-22，图 9-23）。

表 9-22 主要旅游配套设施及游客接待量

编号	旅游配套设施名称	可接待游客面积/m^2	人均占用面积/m^2	周转率/次	接待人数/人
1	游客服务中心	2 865	10	4	1 146
2	综合服务区	180	5	8	288

续表

编号	旅游配套设施名称	可接待游客面积/m²	人均占用面积/m²	周转率/次	接待人数/人
3	观景平台	90	3	30	900
4	滑道	70	70	120	120

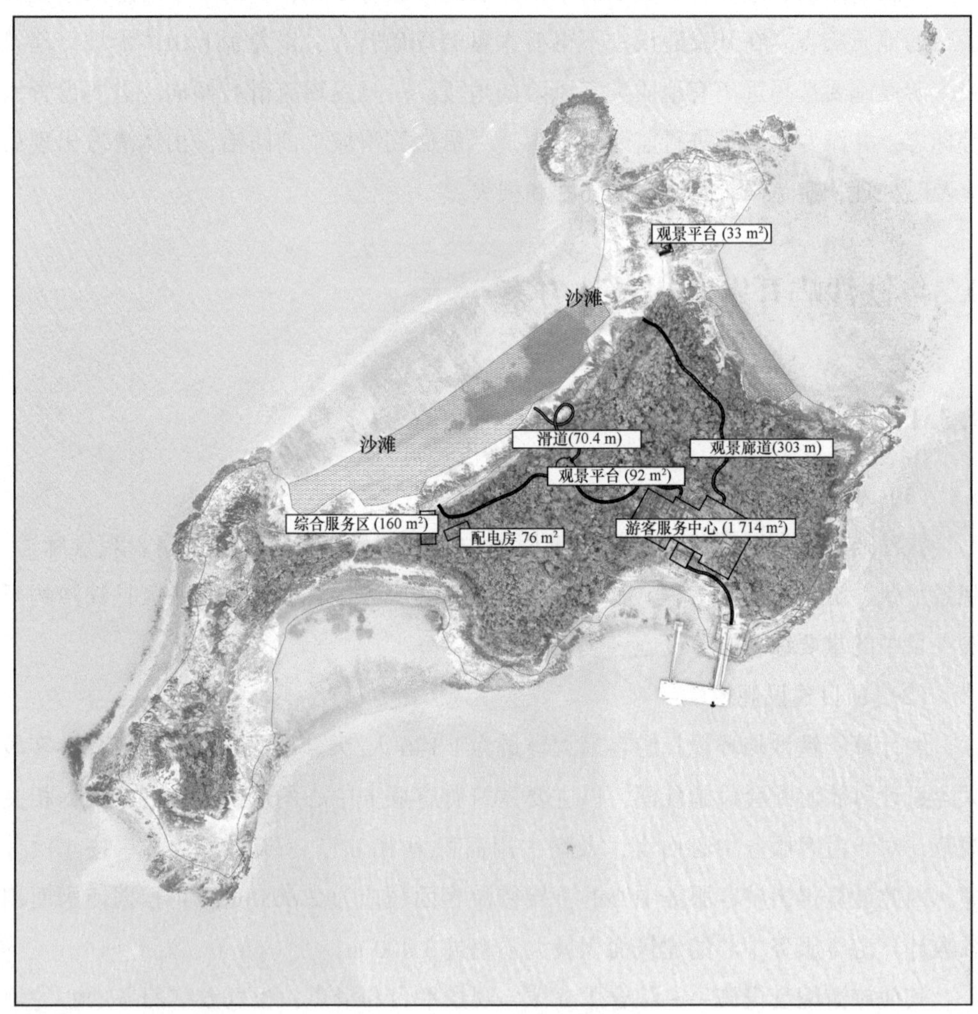

图 9-23　项目建设方案平面布置

9.3.2　项目用岛情况

9.3.2.1　用岛类型

根据财政部、国家海洋局共同发布的《关于印发〈调整海域 无居民海岛使用金征收标准〉的通知》（财综〔2018〕15号）规定，无居民海岛用岛类型共分9类（见表6-1）。本项目用岛为旅游娱乐用岛。

9.3.2.2 用岛方式

按照财政部、国家海洋局共同发布的《关于印发〈调整海域 无居民海岛使用金征收标准〉的通知》（财综〔2018〕15号），无居民海岛用岛方式根据用岛活动对海岛自然岸线、表面积、岛体和植被等的改变程度划分为六种（见表6-2）。

本项目用岛活动对海岛自然岸线、表面积、岛体和植被等的改变程度见表9-23（此处所有数据均依照中央经线121.5°计算），变化率最高的指标为改变海岛植被面积，指标值为9.04%，变化率最高的指标值不大于10%，因此项目用岛方式为“轻度利用式”，属于局部用岛。

表9-23 项目用岛活动对海岛属性的改变程度

序号	项目	用岛活动改变量	海岛现有总量	改变程度/%
1	海岛自然岸线	本项目将使用海岛岸线约1 m，采用管线下穿式登岛方式，不改变海岛自然岸线属性	铁沙屿海岛岸线总长1 183 m，其中自然岸线1 101 m	0
2	海岛表面积	改变海岛表面积约2 674 m^2	33 644 m^2	7.95
3	海岛岛体体积	工程土方开挖量约2 799 m^3	207 149 m^3	1.35
4	海岛植被	改变海岛植被面积约2 276 m^2	25 183 m^2	9.04

9.3.2.3 用岛年限

本项目用岛为旅游娱乐用岛，根据国家和地方关于无居民海岛使用最高期限的相关规定，拟申请用岛年限25年。

9.3.2.4 用岛面积计算

（1）用岛面积计算方法

用岛面积指无居民海岛开发利用范围内的自然表面形态面积。根据《无居民海岛开发利用测量规范》（HY/T 250—2018），用岛面积计算的步骤包括：①数字高程模型构建：依据地形图构建比例尺不小于1∶5000的数字高程模型；②用岛面积计算：基于构建的数字高程模型，计算求得用岛范围自然表面形态面积。海岛自然表面形态面积小于海岛投影面积的，用岛面积按海岛投影面积计算。图件采用高斯-克吕格投影，以与用岛范围中心相近的 0.5°整数倍经线为中央经线。

铁沙屿数字高程模型构建采用 1∶200 地形图，以 121.5°为中央经线，在此基础上计算得到用岛范围（图 9-24）自然表面形态面积，即项目用岛面积为 2 674 m^2。

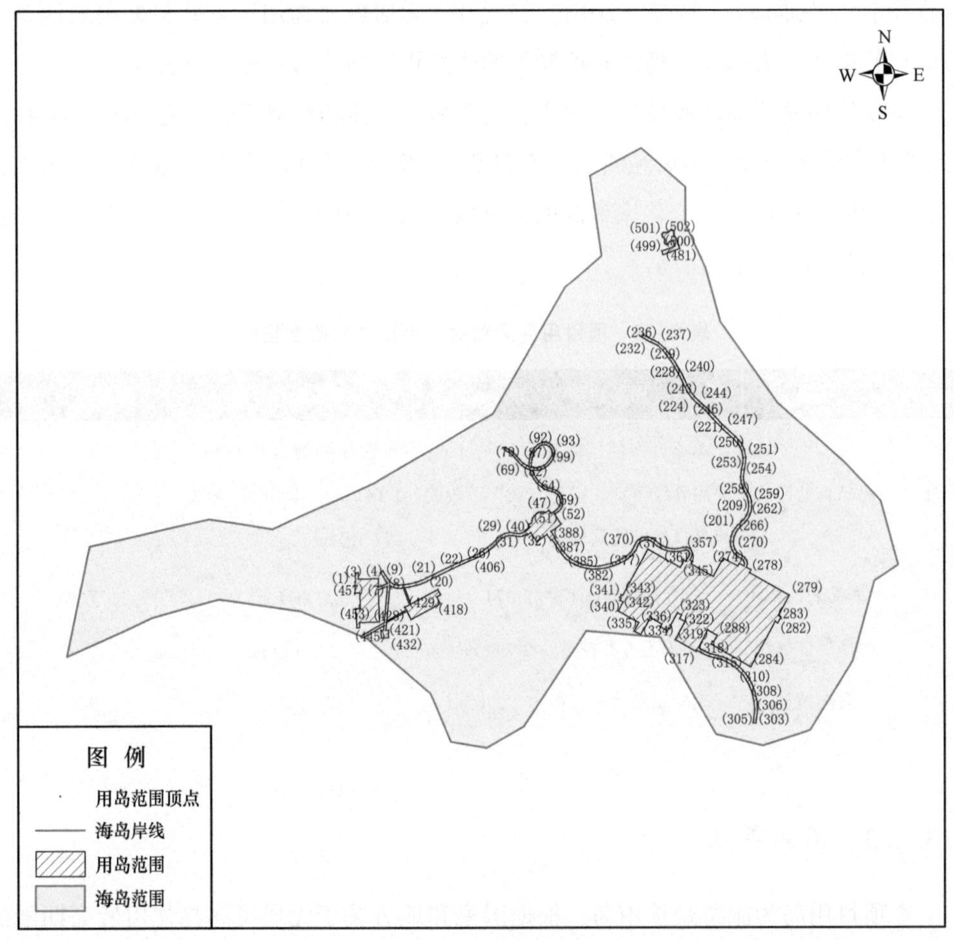

图 9-24　用岛范围

（2）项目占岛面积计算方法

项目占岛面积指建筑物和设施外缘线围成区域的水平投影面积（图 9-25），采用几何图形的计算方法计算得到。项目占岛面积为 2 138 m^2（表 9-24），海岛总投影面积为32 319 m^2，占岛面积约占铁沙屿总投影面积的 6.62%。

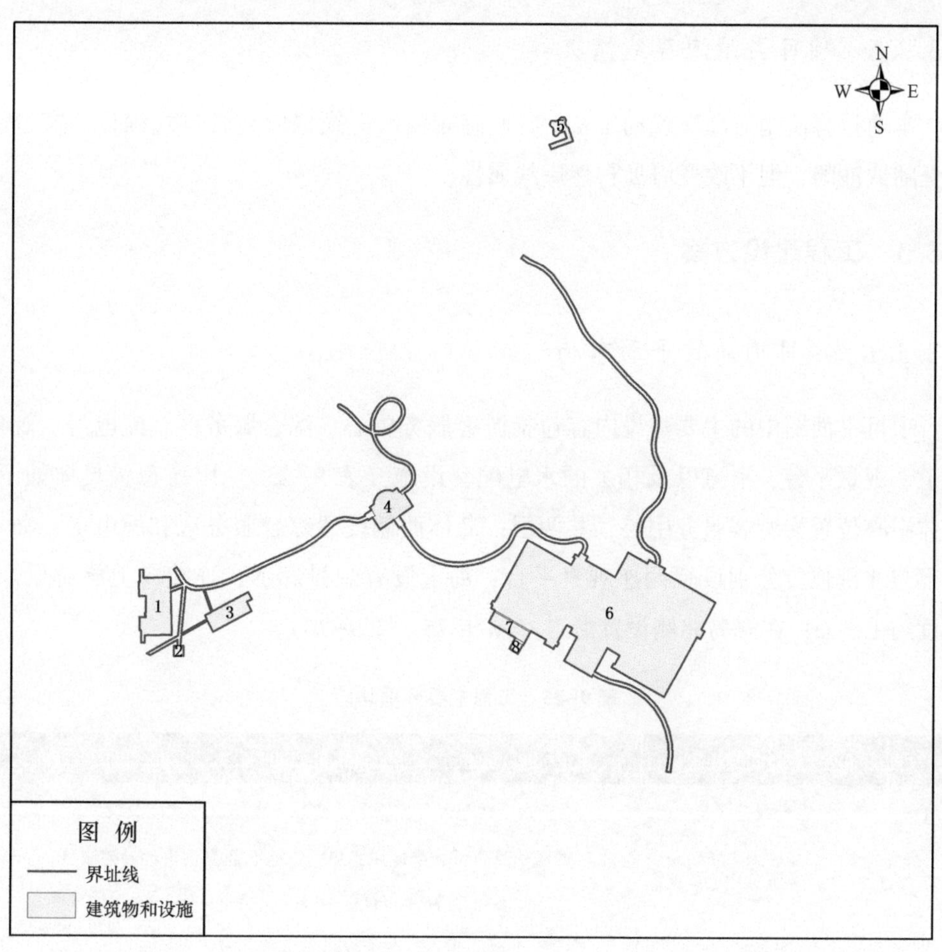

图 9-25 建筑物和设施布置

表 9-24 建筑物和设施占岛面积统计

编号	名称	占岛面积/m²
1	综合服务区	160
2	1号污水提升设备	9
3	配电房	76
4	1号观景平台	92
5	2号观景平台	33
6	游客服务中心	1 714
7	垃圾污水综合处理设施	45
8	2号污水提升设备	9
合计		2 138

9.3.2.5 项目占用海岸线情况

本项目将使用海岛岸线约 1 m，后期海底输水管线拟以套管方式铺设，穿过岸线登陆铁沙屿，但不改变海岛自然岸线属性。

9.3.3 工程建设方案

9.3.3.1 项目用岛的平面布局

项目平面图中的主要建设内容包括游客服务中心、综合服务区、配电房、观景廊道、观景平台、滑道以及相关的水电配套设施（表 9-25）。用岛布置具体如下：岛体中心位置为游客服务中心，共两层；岛体西侧设置综合服务区和配电房；岛上中部与北部位置分别设置两座观景平台；岛上设有观景廊道，连接岛上旅游景点，宽度约 1.5 m；在海岛北侧设置滑道（图 9-25，图 9-26）。

表 9-25 工程主要分项功能

序号	项目名称	项目功能
1	综合服务区	娱乐休憩、卫生服务、商品零售等服务功能及设施
2	游客服务中心	旅游信息咨询、景区风光展示、旅游商品销售、导游服务、科普和教育等服务功能及设施
3	配电房	为岛上提供水电基础设施
4	观景廊道	连接岛上旅游景点，环岛观光
5	观景平台	海岛观光、游客休憩
6	滑道	连接陆域与水域，营造滑行体验
7	污水提升设备	对污水管网予以加压
8	垃圾污水综合处理设施	对污水和垃圾进行综合处理

9.3.3.2 主要建筑物与设施

建筑物和设施包括综合服务区、游客服务中心、观景平台、配电房、观景平台以及污水和垃圾处理基础设施等（表 9-26，图 9-26）。

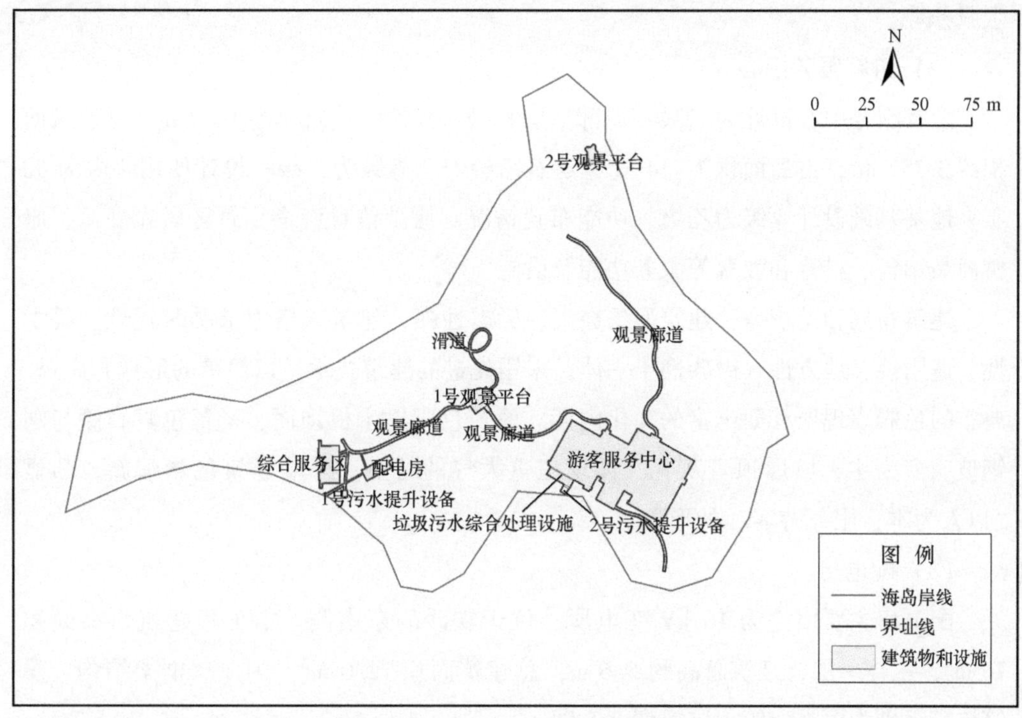

图 9-26 项目布局位置示意

表 9-26 建筑物和设施测量成果

编号	名称	占岛面积/m²	建筑面积/m²	高度/m
1	综合服务区	160	212	9.9
2	1 号污水提升设备	9	9	—
3	配电房	76	72	5.6
4	1 号观景平台	92	85	—
5	2 号观景平台	33	30	—
6	游客服务中心	1714	3357	14.7
7	垃圾污水综合处理设施	45	45	—
8	2 号污水提升设备	9	9	—

(1) 综合服务区

在本方案设计中，结合场地地形，综合服务区设计为两层框架建筑，建筑高度 9.9 m，总建筑面积约 212 m^2，占岛面积 160 m^2，建筑结构安全等级为二级，设计使用年限为 50 年。地基基础设计等级为乙级。主要功能为商品零售、娱乐休憩、卫生服务等。

（2）游客服务中心

游客服务中心设计为二层（局部三层）公共建筑，建筑总高 14.7 m。总建筑面积约 3 357 m^2，占岛面积 1 714 m^2，建筑结构安全等级为二级，设计使用年限为 50 年。地基基础设计等级为乙级。功能布置情况：旅游信息咨询、景区风光展示、旅游商品销售、科普和教育等服务功能及设施。

建筑布局和谐统一，建筑形象突出、标志性强；建筑风格力求融时代性、科学性、适用性、地方性、民族性于一体。采用先进的建筑技术，以简单的形体和庄重、典雅的色彩表现质朴而丰富的文化内涵。建筑色彩以木板饰面、米黄色真石漆与塑钢玻璃窗为主，坡屋顶青灰瓦，体现庄重大气的特点。外墙建筑色彩清新，凸显“以人为本，服务游客”的形象。

（3）配电房

配电房主要用途为 10 kV 变电所，位于铁沙屿东南侧。本工程建筑占岛面积 76 m^2，主体一层，建筑总高约 5.6 m，总建筑面积 72.0 m^2，为单层框架结构。建筑抗震级别为丙类建筑，抗震烈度 6 度。

（4）观景平台

① 1 号观景平台。1 号观景平台采用钢筋混凝土立柱架空式结构，观景台高程设计为 17.7 m，地面高度为 15.7 m，离地 2.0 m，木栏杆高度为 1.05 m。平台面积 85 m^2，连接道路与滑道，主要用途为观光休憩平台和滑道入口缓冲平台。考虑海岛特殊地理环境以及休憩平台的舒适性，1 号观景平台铺面拟采用防腐木地板铺设。

② 2 号观景平台。2 号观景平台采用钢筋混凝土立柱架空结构，设计高程为 7.0 m，不锈钢栏杆高度 1.05 m。平台面积 30 m^2，主体材料采用不锈钢、钢化玻璃，用途为观光休憩平台。考虑到海岛特殊地理环境以及休憩平台的舒适性，采用钢架支撑钢化玻璃铺面。

（5）垃圾污水综合处理设施

垃圾污水综合处理设施包括污水收集容器、地埋式污水处理站控制间和垃圾处理设施，占岛面积 45 m^2。污水收集容器位于地下，地埋式污水处理站控制间和垃圾处理设施位于地上。

污水收集容器的主要功能是对污水进行沉淀过滤，收集容器位于游客服务中心南侧区域，为钢筋混凝土结构。

地埋式污水处理站的日处理量预计为 75 t，污水处理工艺采用接触氧化法（A-O工艺，污水→调节池→好氧池→厌氧池→沉淀池→出水），污泥排至压滤机压干后运走。污水处理站采用地埋式，位于游客服务中心中庭地下，为地上构筑，建设于污水收集容器上方。

考虑到垃圾外运的便利性，垃圾收集站靠近现有码头位置，设置于污水收集容器上方，建筑采用钢木结构，后期进行景观视线遮挡处理。

（6）污水提升设备

对无法采用重力式排放设计的管网予以加压处理，本次工程设置两座污水提升设备。每座占岛面积 9 m^2，选用一体化设备地埋安装。考虑到此区域多为人流聚集区，对运行稳定性要求较高，建议选用双泵系统的污水提升器。“一备一用”的双泵系统，即使其中一个水泵出现故障，另外的备用系统会直接接替工作，不会对排污造成困扰。

9.3.3.3 配套工程

（1）交通配套及场地附属设施

目前，铁沙屿已建 500 吨级浮码头一座，距强蛟镇码头航运距离1.8 km，约 10 min船程。强蛟镇距离宁海县火车站约 30 min 车程，距宁波机场约2 h车程，距象山县城约 1 h 车程。

（2）供电方案

①变配电系统。

a. 负荷等级。应急照明、走道照明、安防系统等属于三级负荷；其他用电设备均为三级负荷。

b. 负荷计算。配套公共用房按 100 W/m^2估算，本工程设备容量为 225 kW。

c. 供电及备用电源 。本工程供电拟由室外箱式变压器引来。

d. 室外线路 。10 kV 高压进线采用埋地方式由城市电网引入，埋深大于 0.7 m。室外低压电缆采用排管敷设（图 9-27）。

②动力配电。

a. 动力配电方式：对一般动力设备采用树干式或链式供电，对大容量动力设备采用放射式配电；配电干线沿井道内桥架敷设；弱电机房、水泵房、风机房、电梯机房、消防控制中心设置专用配电箱，采用双回路放射式供电并在线路末端自动切换。

b. 导线规格及型号：一般动力、照明负荷选用 YJV 型或 BV 型电缆或电线，消防及重要负荷选用 ZBN-YJY 型或 ZBN-BV 型电缆或电线。

c. 电信、音响广播、消防自控、闭路电视、安保、计算机网络等弱电系统供电

图 9-27　电力管网布置示意

均考虑设置高次谐波过滤装置，减少照明谐波对弱电系统的干扰。

(3) 给排水和污水处理

①给水工程

a. 生活给水系统。本工程的供水水源为海底铺设淡水输送管道，水质符合饮用水标准。由附近的集镇市政供水网通过海底淡水管道连接至岛上，用水量计算主要包括游客服务中心和综合服务区用水（表 9-27）。

表 9-27　用水量计算

序号	用水类别	用水定额/(L/人·d^{-1})	服务人数或面积/人	使用时间/h	时变化系数	用水量/m^3		
						最大日	平均时	最大时
1	办公用水	40	20	10	1.3	0.8	0.08	0.104
2	公共浴室	90	250	12	1.5	22.5	1.88	2.82
3	公共厕所	80	445	12	2.5	35.6	2.97	7.425
4	景区游客	20	1 065	12	1.5	21.3	1.78	2.67
5	未预见用水量	本表 1~4 项之和的 10%				8.02	0.67	1.3
6	合计					88.22	7.38	14.319

本工程最大日用水量为 88.22 m^3，最大时用水量为 14.319 m^3。

b. 消防给水系统。室外消防用水量为 25 L/s，室外消防采用与生活消防合一的低压制，消火栓保护半径为 150 m，消火栓间距不超过 120 m（图 9-28）。

图 9-28 给水及消防布置

②污水及垃圾收集点工程。污水量按照给水量的 85% 计算，为 74.987 m^3/d。排水方式采用雨污水分流制，室外采用生活排水与雨水分流制排水的管道系统。岛上主要污水为游客服务中心建筑和综合服务中心建筑产生的生活污水，污水经污水管网收集后排入地埋式污水收集容器（调节池），经过初次沉淀过滤后排入地埋式污水处理站进行污水净化处理。将岛上现有三个水塘改造为中水（经过处理的污水，达到规定的水质标准）蓄水池，中水供消防、冲厕和绿化使用。考虑到垃圾外运的便利性，垃圾收集点设置于污水收集容器上方（图 9-29）。

（4）垃圾处理方案

根据海岛旅游项目布局，设置多个垃圾箱，并实行垃圾分类，统一收集后置放于垃圾收集点。垃圾收集点设置于污水收集容器上方，并进行景观遮挡处理。收集的垃圾通过轮船外运至强蛟垃圾中转站。

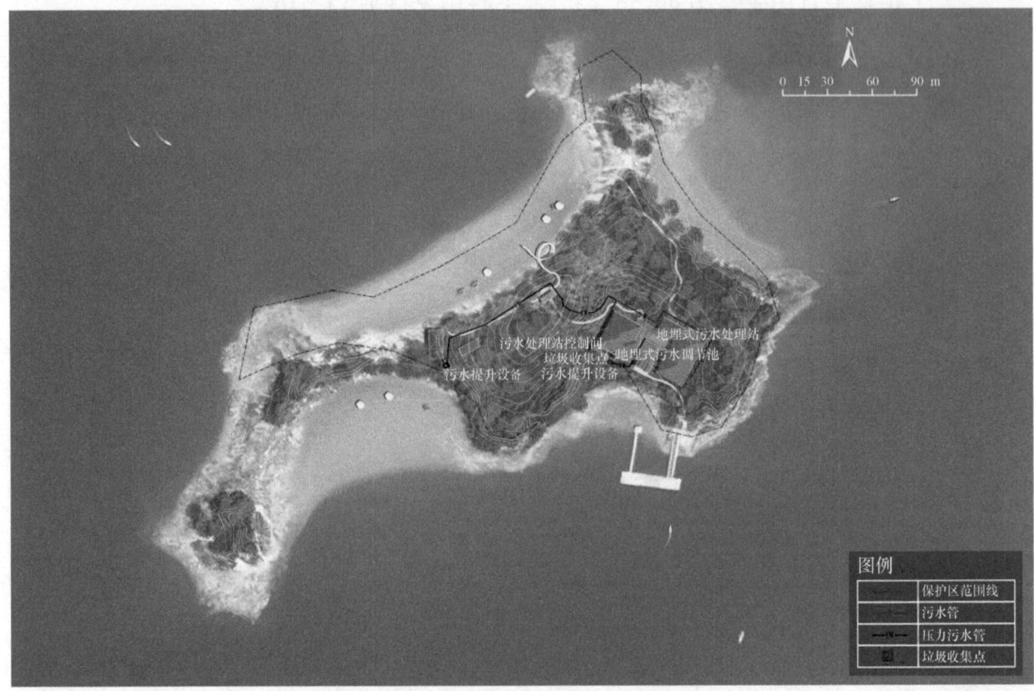

图 9-29　污水管网及垃圾收集点布置

9.3.3.4　主要施工方案与工艺

（1）主要建筑物和设施施工工艺

建筑物主体均采用独立式基础，考虑 6 度抗震设防，设防分组为第 1 组，设计基本地震加速度值取 0.05 g，场地内无地震液化条件。工程基础采用柱下钢筋混凝土独立基础。基础工程混凝土采用 C40，抗渗等级为 P6。基础垫层混凝土采用 C25。上部结构混凝土采用 C30~C35，屋面采用抗渗混凝土，抗渗等级为 P6（2）。

（2）观景廊道施工工艺

观景廊道线形一般要求最短的距离，尽可能地构成环形，尽可能少破坏植被，总长度约 303 m。1 号观景廊道连接游客服务中心、观景台、滑道和沙滩，长度约 136 m。2 号观景廊道连接码头、游客服务中心和北面沙滩，长度约167 m。铺面拟采用本地石板铺面（图 9-30）。

（3）观景平台施工工艺

1 号观景平台采用钢筋混凝土立柱架空式结构，连接道路与滑道，主要用途为观光休憩平台和滑道入口缓冲平台，高程设计为 17.7 m，地面高度为 15.7 m，离地 2 m，木栏杆高度为 1.25 m。为 ф 400 钢筋混凝土立柱结构，桩距为 3 m，中层结构

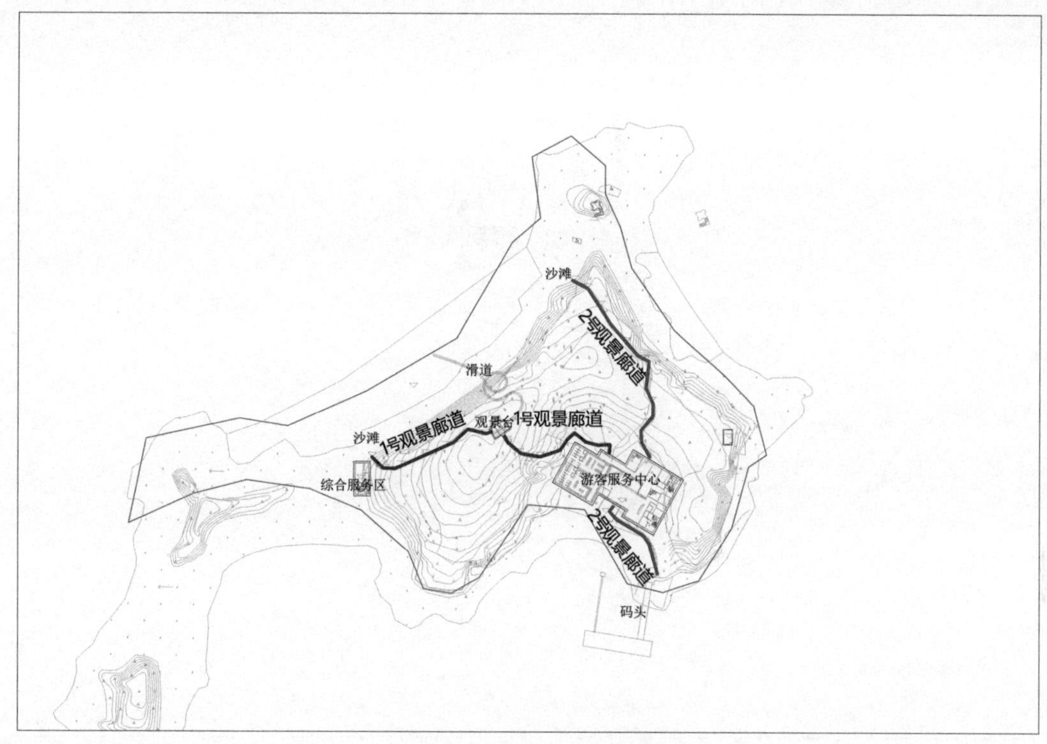

图 9-30 观景廊道分布示意

为 150 mm 厚 C20 素混凝土，上铺防腐木地板；2 号观景平台采用钢筋混凝土立柱架空结构，主体材料采用不锈钢、钢化玻璃，用途为观光休憩平台。采用钢架支撑钢化玻璃铺面。设计高程为 7 m，不锈钢栏杆高度为 1 m（图 9-31）。

（4）滑道施工工艺

滑道位于场地西侧，与观景平台相连接，陆域部分总长度 70 m，平均坡度 16°。起点高程 17.7 m，落点高程为 1 m，落差 16.7 m，滑道外围半径为 0.65 m，内围半径 0.5 m，采用 100 mm 厚 C15 素混凝土垫层、C25 钢筋混凝土柱沉降基础，钢型支架架空结构，滑道本体采用不锈钢及亚克力透光板。

（5）管线及登陆点施工工艺

电缆在铁沙屿登陆点处采用铸铁套管保护，放置于基岩海岸处，不改变海岛自然岸线属性，登陆后采用暗管敷设的施工工艺。在海岛道路处，暗管敷设和观景廊道路基建设同时进行。水管铺设采用和电缆敷设相同的施工工艺。

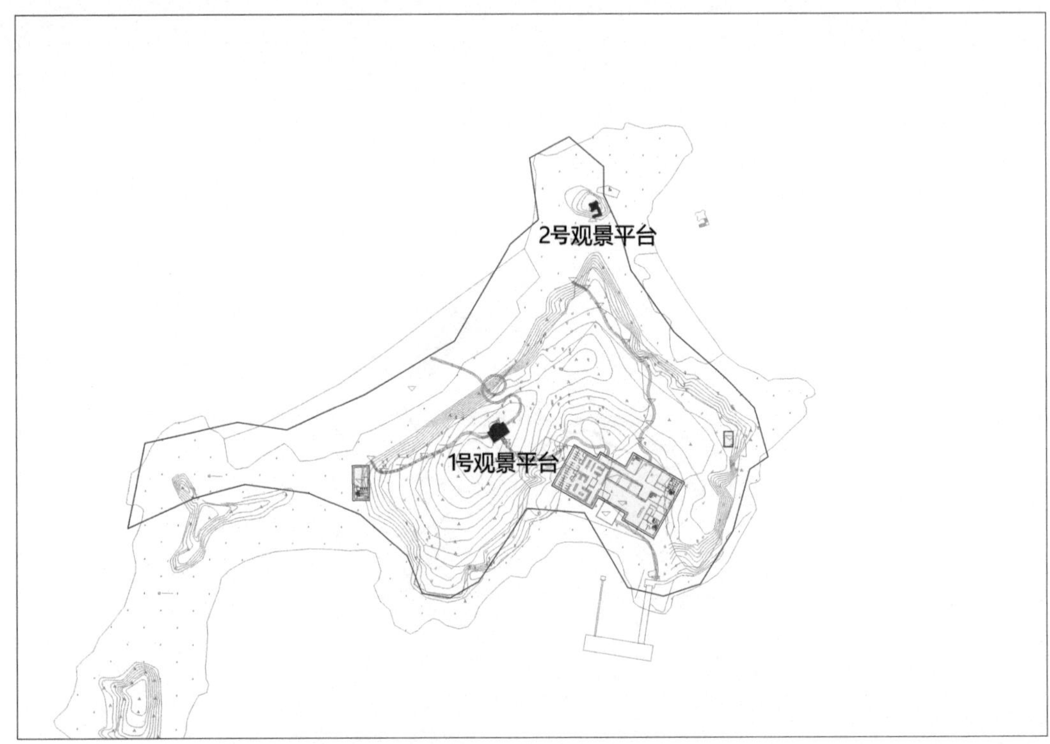

图 9-31　观景平台分布

9.3.4　生态保护方案

9.3.4.1　地形地貌的保护方案

（1）减少对岛体地形地貌影响

严格控制项目地施工临时占地范围，尽量减少对临时作业区周围的林木、草地、灌丛等植被的损坏，对开挖面要及时种上草皮，缩短裸露面暴露时间，减少水土流失。建设单位在实施具体的开发建设项目前，需征得林业部门等相关单位同意，严禁开山采石、毁林垦荒等破坏植被和景观的活动，保持山体林木风貌的整体性和观赏性。

在施工过程中，需要事先对原材料运输路线进行设计，在全面考察施工地区地形特点基础上进行统一规划设计，尽量选择植被稀少和地势平坦的区域。

施工后重点对建筑区周边及施工影响范围内的土地进行平整，尽快恢复原地貌。完工后进行土壤回填，进行土地修复。

（2）减少对海岛海岸线影响

项目建设中将严格落实《浙江省海岸线保护与利用规划》《铁沙屿保护和利用规划》中对海岛岸线的管控要求。减少对岸线影响的具体措施包括：严格控制工程建设规模，确保建设项目离岸线的距离在设计规划的范围内，禁止越界修建；施工期间严禁破坏岸线、采集生物等活动；不在岸线保护区域进行采石、爆破、新建建筑设施等破坏沙滩、岩滩、地质遗迹和自然景观的开发活动，积极保护沙滩、岩滩、地质遗迹，必要时对受侵蚀破坏岸段的岩滩采取工程措施进行加固，以保护铁沙屿岛体；当发现岛体范围内的岸线受到破坏，及时向海洋主管部门报告。项目实施期间，建设单位不定期清除漂浮至岸边的塑料垃圾，保持岸线的清洁和美观。

（3）加强海岛礁石保护

建设单位严禁在岛上进行采石、爆破或移动石块等活动。建筑物设施建设过程中积极保护岛上的主要景观石、岩块，不定时清除施工期间岛上的垃圾等固体废弃物，以保持岛体的清洁和美观。

上岛人员进入岛内时，建设单位会指派专人带领，对上岛人员做好友情提示和行为规范，及时制止损坏海岸礁石或搬移、带走石块的行为，并保障上岛人员的安全。

9.3.4.2 植被保护方案

植被是海岛生态系统的重要组成部分，对于维持海岛生态系统的稳定和发展以及海岛的景观有着重要的作用。项目施工期间采取植被保护措施，施工结束采取植被修复措施，以加强对海岛植被的保护。

（1）施工期间的植被保护措施

加强施工期环境管理，强化施工人员环保意识。教育施工人员爱护环境，保护施工场所周围的一草一木，不随意摘花、折木，严禁砍伐、破坏施工区以外的灌草丛和树木，并确保上岛人员能识别浙江省重点保护植物。可以采用向施工人员发放施工手册的方式，并组织施工人员认真学习。

合理划定施工作业范围和路线，不得随意扩大。各种施工活动应严格控制在施工区域内，并将临时占地面积控制在最低限度。材料运输和堆放场地应选择在植被稀疏处或空地上，尽量减少对岛体土壤与植被的破坏，将施工建设对植被和土壤的影响控制在最低限度。

严禁建筑垃圾、弃土等固体废弃物乱堆乱放。弃土需严格按施工要求，根据海岛施工区地形地貌特点堆放成馒头形或就地摊薄；施工期间，大型机械、器械、设备、建筑材料、废料、垃圾等，放置在固定的堆放场中，禁止随处乱堆放，以减少对海岛原生植被的破坏，减少对海岛生态环境的影响。

（2）施工结束后的植被修复措施

项目施工结束后对施工场地进行植被修复，主要包括三个堆场，面积共计约 900 m^2。在道路施工结束后，在道路两侧种植植被，增加道路两侧的植被绿化带范围（图 9-32）。

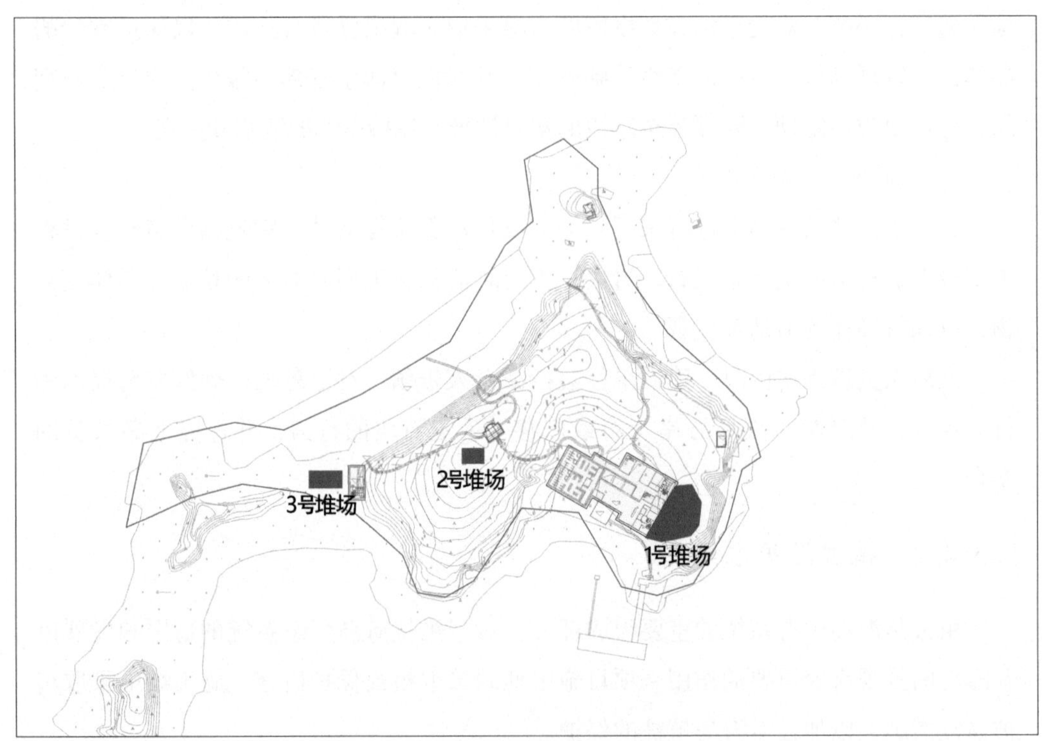

图 9-32 重点植被修复场地

主要植被修复步骤如下。

①建筑场地拆除：拆除的建筑废料统一外运到指定地点。

②表土回填：新建项目施工完成后，先对场地进行平整，将客土或者进行改良过的海岛土壤覆盖在修复区域，覆盖厚度约 10 cm。

③土地整理：人工对地块内部进行微地形整理，要求尽可能将新填客土击碎，移出体积较大石块。

④植被栽种：通过种播海岛本土物种雀梅藤灌丛、檵木灌丛、滨海珍珠菜和碱蓬等，并借用农艺技术方式，如施基肥、整苗床、覆膜保温等，进行植被修复。

⑤保水措施：植被栽种完成后，需进行淡水浇灌。海岛水资源较为缺乏，为了

修建后便于植物生长，整地和覆土过程中，通过人为构建条型坑和鱼鳞坑等措施，最大限度地利用天然雨水。

（3）运营期植被保护方案

运营期要建立健全规章制度，加大海岛执法力度，严格管理，严禁任何单位和个人在岛上随意砍伐林木、毁坏植被的行为。

加强宣传工作，努力提高管理者、建设者及上岛人员的环保意识。引导相关人员树立生态环保观念，爱护岛上的一草一木。

运营期要限制上岛人数，严禁岛屿过度开放，超量运营。

运营期若出现植被破坏，应做到随时破坏、随时修复。

预防和杜绝森林火灾，通过制订严格的管理措施，加强防火监测和警报工作，坚持对员工进行防火培训，严禁在岛内用火，杜绝火灾的发生。同时，建立和健全岛上消防体系，配备齐全的消防设施。定期巡查，对上岛人员进行防火警示，严禁随地吸烟。

9.3.4.3 珍稀濒危与特有物种保护方案

经实地调查，铁沙屿无国家级和省级珍稀保护植物，但分布有一定数量具有海岛特色的植物种类，木本植物有单叶蔓荆、椿叶花椒等；草本植物有滨海珍珠菜、碱蓬和补血草等。

对具有海岛特色的植物资源进行就地保护，在海岛进行新的种植以及绿化时采用景观效果好、易种植的海岛本地物种，慎重引进外来植物，防止外来物种入侵。另外，根据植物资源的丰富程度，建立一定范围的保护区。

9.3.4.4 废水处理方案

（1）施工期污水处理措施

施工现场设置泥沙沉淀池，用来处理施工泥浆废水，废水经沉淀后回收用于洒水除尘；施工单位设置生活污水收集设施，收集后运至污水处理厂处理；施工期间，将船舶生活污水（包括船上人员生活污水）收集后送污水处理站处理；施工船舶在施工前应在当地海事部门的指导下对船舶的排污设备进行铅封管理，定期接收上岸。

（2）营运期污水处理措施

本项目营运期废水主要为生活污水。生活污水经暗管收集，纳入本工程污水处理设施，经处理后，达到《城市污水再生利用 城市杂用水水质》（GB/T 18920—2020）标准要求。现有三个水塘位于游客服务中心中庭区域，改造为中水蓄水池，经加压泵送至建筑顶部的消防水池，供消防、冲厕、绿化使用。

9.3.4.5 固体废物处理方案

本项目产生的固体废物的处理、处置均应满足《中华人民共和国固体废物污染环境防治法》和《浙江省生态环境厅关于进一步加强工业固体废物环境管理的通知》（浙环发〔2019〕2号）中的有关规定要求。生活垃圾的暂存执行《一般工业固体废物贮存和填埋污染控制标准》（GB 18599—2020）。

（1）施工期固体废物处理措施

施工期固体废物的来源主要是施工人员的生活垃圾、废弃土石方和建筑垃圾。施工挖掘产生的土方以及施工过程中产生的渣土，应按照有关规定进行处理处置，必须到市容环境卫生行政主管部门办理建筑垃圾准进、处置手续，由施工单位或承建单位联系外运。建筑垃圾运输车辆应当采取密闭措施，不得超载运输，不得车轮带泥，不得遗撒、泄漏。

建设单位应当督促运输单位在清运时间内组织人力、物力或委托专业市容环境卫生服务单位做好沿途的污染清理工作；清运过程中造成交通安全设施损坏的，应予以赔偿。

（2）营运期固体废物处理措施

海岛上的生活垃圾实行袋装分类收集。对报纸、瓶罐等回收出售给专业收购人员综合利用。同时，岛上垃圾收集桶采用封闭式设计，保持场地清洁卫生，防止蚊蝇滋生而影响区块内生活环境。

海岛上将建有垃圾集中收集点，统一收集岛上的固体废物，打包外运到周边垃圾处理厂进行无害化处理。垃圾收集、运输采用全封闭运输工具，科学调整垃圾运输、中转时间，优化垃圾运输路线，做到日清日运。

9.3.4.6 废气与粉尘等的处理措施

本项目施工期的大气污染物主要为施工扬尘和施工机械及施工车辆排放的尾气，将按照《大气污染物综合排放标准》（GB 16297—1996）执行。施工扬尘主要来自建设项目的建材装卸、车辆行驶及土石方工程，采取措施如下：

①对于建设施工阶段的车辆和机械扬尘，采取洒水抑尘；洒水次数根据天气状况而定，一般每天洒水1~2次，若遇大风或干燥天气可适当增加洒水次数，遇雨天则不必洒水。施工场地洒水与否对扬尘的影响很大，场地洒水后，扬尘量将降低28%~75%，可大大减少其对环境的影响。

②对施工区内运输车辆的速度进行限制，将在施工场地的运输车辆车速减小到10 km/h，并且尽量避开大风、大雨天气，对施工作业面应边施工边洒水，尽可能降低或避免对区域的扬尘污染。

③施工运输设备和一些动力设备运行将排放尾气，尾气中的主要污染物为一氧化碳（CO）、一氧化氮（NO）和总烃（THC）。针对汽车尾气的排放拟采取以下的措施：严管车辆扬尘，进一步加大对运输渣土、垃圾、沙石、煤炭等易产生扬尘污染的工程车辆的执法检查力度，对车轮带泥行驶污染道路，车厢无覆盖物，抛、洒、滴、漏污染道路等违法行为，由相关执法部门负责查处；定期对施工机械设备进行检测与维护；运输车辆禁止超载，不得使用劣质燃料；对车辆的尾气排放应进行监督管理，严格执行汽车排污监管办法相关规定，避免排放黑烟。

本项目营运期废气排放量较小。一般不需要采取特别措施。

9.3.4.7 噪声污染及防治措施

工程建设中的噪声主要来自各类施工机械、施工船舶和车辆。施工机械主要有挖掘机、推土机、混凝土搅拌机等。各种施工机械设备的运行噪声主要集中在施工区、施工道路沿线。本项目工期较短，项目施工位置在无人居住的岛上，在采取一系列环保措施、对施工进行科学组织和管理后，施工噪声对周围影响有限。

①选用效率高、噪声低的施工机械设备。

②加强对机械设备的维护保养和正确操作，保证在良好的条件下使用，减少运行噪声。

③合理安排施工时间，禁止夜间进行打桩作业。高噪声作业活动应尽量不安排在夜间（22：00—6：00）、午休（12：00—14：00）时间进行，确因工艺连续需要，应报当地环保部门审批和公示后方可施工。

④应严格按照《建筑施工场界噪声标准》（GB 12523—2011）控制施工噪声。

⑤所选工艺设备噪声限值均应满足现行《工业企业噪声控制设计规范》（GB/T 50087—2013）的有关规定，并采取相应的减振隔震措施，降低噪声污染。

项目建成后，运营期间可能产生的噪声污染较轻，对周边的影响较小。

9.3.4.8 周边海洋生态环境的保护措施

制定合理的施工计划，合理安排施工季节与施工进程，尽量缩短水上作业时间，减少工程实施对海域环境的影响，建议对区域生态环境进行补偿。

项目施工过程会造成施工区域的局部水域悬浮物增加，施工过程带来的油污和重金属对海洋生物也会造成毒害，施工时需采取有效的污染防治措施；加强施工期各类废水管理。

加强作业人员的业务培训，树立良好的风险安全意识，减少人为因素导致的溢油事故。根据国家相关法律和条例要求，船舶应配备《船上油污应急计划》，人员和器材配备做到有备无患，与海事、海监部门保持良好的沟通，以便在事故发生后将危险控制在最低限度。

施工单位和建设单位切实做好施工期间船舶的调度和管理工作，制定碰撞、溢油事故的防范和应急措施。一旦发生船舶碰撞导致溢油事故，立刻启动应急预案，在最短时间内控制油膜扩散，避免对敏感水域造成影响和损害。

9.3.4.9 其他保护措施

(1) 节能环保措施

在建筑布局和结构设计上充分利用自然光和自然通风，选用具有抗蚀、抗震、隔热、可循环使用等特性的建筑材料，并与海岛景观相协调。采用先进的节水设施、节能的照明和设备等，提高能源利用率。岛上需配备备用的发电机组，供电照明设计要尽量减少配电级数，缩短供电距离，采用节能型变压器和自动功率补偿器，采用整体照明和局部照明相结合的方法。房屋采用低能耗的空调系统，并利用制冷排放的热量加热生活用水，提高能源利用率。

(2) 灾害防范措施

①台风防范。本项目地面建筑及景观构筑设计风压采用宁波市 50 年一遇标准，风压为 $0.5\ kN/m^2$。

②地质灾害防范。本项目建筑设计抗震烈度 6 度，近震设计基本地震加速度为 0.05 g，建筑场地类别为Ⅱ类，地震分组为第一组。

③火灾防范。本项目建筑设计均符合建筑消防需要。地面建筑均为单、多层公共建筑。耐火等级为二级。

9.4 铁沙屿开发利用项目论证报告

9.4.1 项目用岛必要性

(1) 象山港强蛟群岛生态型旅游开发项目的性质决定需要用岛

象山港强蛟群岛生态型旅游开发项目为滨海旅游类项目，主要依托象山港内得天独厚的海岛、海水、海滩、海湾、海港、海岸等优势旅游资源，其中海域和海岛是发展滨海旅游的重要载体。就海域而言，象山港尾部的宁海湾海域是我国东部沿海最平静、水质最清澈的海湾。

同时，宁海湾海域分布有18个海岛，组成强蛟群岛岛群，是东南沿海罕见的滨海绿岛群。强蛟群岛及周边海域自古就因“西山月色、峡山潮声、绝壁仙岩、叠垣列石、双屿珠联、群帆鱼贯、蒲江澄碧、誓岫堆青”等蜃海八景而闻名遐迩，也使得宁海湾海域获得了“海上千岛湖”的美誉，象山港滨海旅游的发展必须紧紧依托强蛟群岛岛群。

象山港海域旅游资源和海岛旅游资源互为依托，共同构成了象山港滨海景区的底蕴。因此，本项目的性质决定需要用岛。

（2）滨海旅游基础设施的建设决定需要用岛

滨海旅游项目需要建设必要的旅游基础设施以服务游客。象山港强蛟群岛生态型旅游开发铁沙屿使用项目，拟建设游客服务中心、综合服务区、配电房、观景廊道、观景平台及滑道等旅游基础设施。相对于外海海域，尽管象山港内风浪较小，但仍不适宜在海上建设上述旅游设施。根据象山港水文条件分析，其中潮时平均潮差可达2.92 m，年最大波高为1.8 m，尤其是每年7—8月的台风季节，象山港仍会受到台风侵袭，容易引发风暴潮等灾害。因此，在考虑游客安全的前提下，诸如游客服务中心、综合服务区及滑道等旅游设施，不宜建设在海域区，只能依托海岛岛陆建设。

（3）铁沙屿所处的位置及面积等自然属性决定需要使用该海岛

强蛟群岛为宁海湾海域重要的旅游资源。强蛟群岛中横山岛的开发已经较为成熟，岛群开发将围绕横山岛开展，其他无居民海岛中具有较好开发价值的有铁沙屿、马屿和担屿等。其中，铁沙屿距离大陆最近（仅1.22 km），便于利用海底管线由强蛟镇输水输电。同时，铁沙屿上已经建设有码头，方便了岛陆和岛岛交通，能够与象山港内已经开发较为成熟的横山岛产生旅游联动效应。

再者，铁沙屿的面积约3.23 hm^2，远大于其相邻的寺前礁（0.14 hm^2）、铜沙屿（0.54 hm^2），植被覆盖率较高，且海岛景色优美，相比其他海岛具有更好的旅游开发价值。

因此，铁沙屿所处的位置及面积等自然属性决定需要使用该岛。

9.4.2 项目用岛对海岛及周边海域的影响分析

9.4.2.1 项目用岛对海岛地形地貌的影响

本项目用岛类型为旅游娱乐用岛，工程内容主要包括游客服务中心、综合服务区、配电房、观景廊道、观景平台及滑道等旅游设施建设。上述旅游设施建设将按照节约集约利用海岛的理念，遵循充分利用原有岛陆地形的原则，采取合适的施工工艺，避免高填、深挖等施工手段，以最大限度地减少项目用岛对海岛地形地貌的影响。施工结束后即采取植被修复措施，对海岛自然表面形态、高度等基本无影响。

其中，游客服务中心和综合服务区均整体采用独立式基础。游客服务中心工程区域地势平坦，设计室外地坪标高 5 m，土方开挖量约 1 805 m^3，基础完工后，土方回填约 647 m^3，多余土方量用于覆绿微地形处理。综合服务区设计室外地坪标高 4.2 m，土方开挖量 103.5 m^3，土方回填量 81.5 m^3，多余土方量用作覆绿种植土。观景廊道土方开挖量 73.8 m^3，土方回填量 65 m^3，多余土方量可用于道路边坡绿化。垃圾污水综合处理设施土方开挖量 225 m^3，土方回填量 20.88 m^3，多余土方量用作覆绿种植土。结合海岛使用具体方案，铁沙屿项目土石挖方量约为2 799.06 m^3（仅占海岛体积的 1.35%），土石填方量约为 1 162.74 m^3，多余土方量仅为 1 632.32 m^3，均可用作海岛覆绿种植土，可以实现岛内土方量的平衡。

此外，观景平台底部用混凝土立柱支撑，平台采用挑空架高，基本不会影响工程区地形地貌；观景廊道选址依托于岛上原有的道路基址，顺其自然，顺坡就弯，可以最大限度地减少对海岛地形地貌的破坏，对工程区地形地貌影响较小；滑道整体采用钢架架空立柱支撑，对工程区地形地貌基本没有影响；配电房采用挖土方等方式对地形进行局部平整，但平整范围较小（约 76 m^2），基本不会影响工程区地形地貌。

综上所述，项目选址依托海岛现有地势平坦的区域，充分利用海岛现有地形，项目整体对海岛地形地貌影响较小。

9.4.2.2 项目用岛对海岛植被的影响

工程建设过程中，游客服务中心和综合服务区将使用钢筋混凝土条形基础，观景平台和滑道需要处理立柱基础，配电房也需要处理房屋基础。上述设施基础处理过程中，需要实施土方开挖工程，加之观景廊道建设，也需要清除原始便道上的植被，上述工作的开展将不可避免地影响工程所在区域的海岛植被，主要体现在施工中将砍伐工程区林木，造成对局部植被的破坏。项目选址处植被较为稀疏，根据铁沙屿植被类型分布图可知，工程区植被类型主要为阔叶林，并不存在国家或省级珍稀保护植物，竣工后拟采取植被恢复措施，加上自然恢复的作用，能短时间内恢复施工造成的植被影响。

项目用岛破坏的海岛植被面积（投影面积）约0.222 5 hm^3，主要为竹林、草丛和少量阔叶林，项目用岛破坏植被占植被总面积的9%（图9-33）。

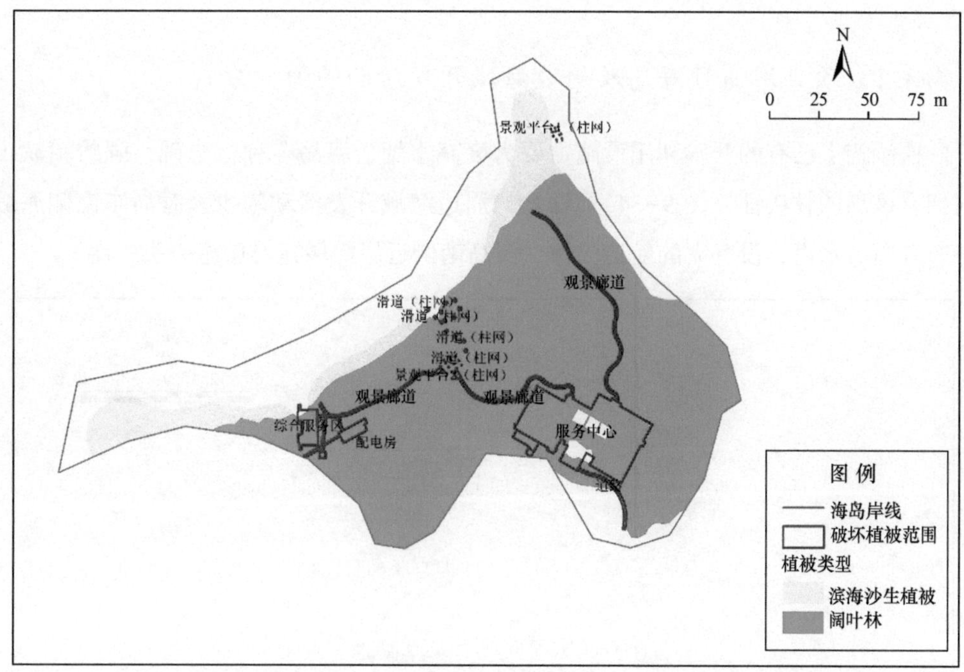

图9-33 铁沙屿植被分布与占用植被范围

9.4.2.3 项目用岛对周边海域生态环境的影响

本项目施工区域位于岛上，并不涉及用海，对周边海域生态环境的影响小。需要注意的是，工程施工期间如果措施不当，会使施工产生的固体废弃物、泥浆废水等进入周边海域，并且受到来往于铁沙屿的施工船舶带来的含油污水影响。上述各种环境影响主要发生在施工期内，具有暂时性，在生态系统自我恢复、人工干预的调节下，会在施工完成后一段时间内逐渐消失。

对施工期产生的废水回收集中处理，并及时回收废弃建材、建材包装及工程废渣等垃圾，待船靠码头时送至岸上，委托当地环卫部门统一处理，以防止施工期产生的废水、废渣影响周边海域生态环境。该项目施工过程中产生的固体废弃物、废水经过收集处理后，对周边海域生态环境影响不大。

同时，要求在施工过程中对所有材料运输船舶的舱底含油废水实行铅封管理，接收上岸处理，不排入周边海域。因此，只要当地海事部门加强对船舶的铅封管理，运输船自觉履行铅封管理规定，在施工期对运输船的含油废水做到铅封管理，则在施工期不会对海域生态环境产生影响。

9.4.3 项目用岛协调分析

9.4.3.1 项目用岛对海岛及周边海域开发活动的影响分析

铁沙屿上已有的开发利用设施主要为废弃水塘、海岛名称标志碑，强蛟镇峡山村拥有该岛的林权证（图 9-34）。铁沙屿周边海域开发活动较少，海岛东南侧海域分布有白石水道，没有大的航道分布，海岛南侧近岸海域建有旅游码头一座。

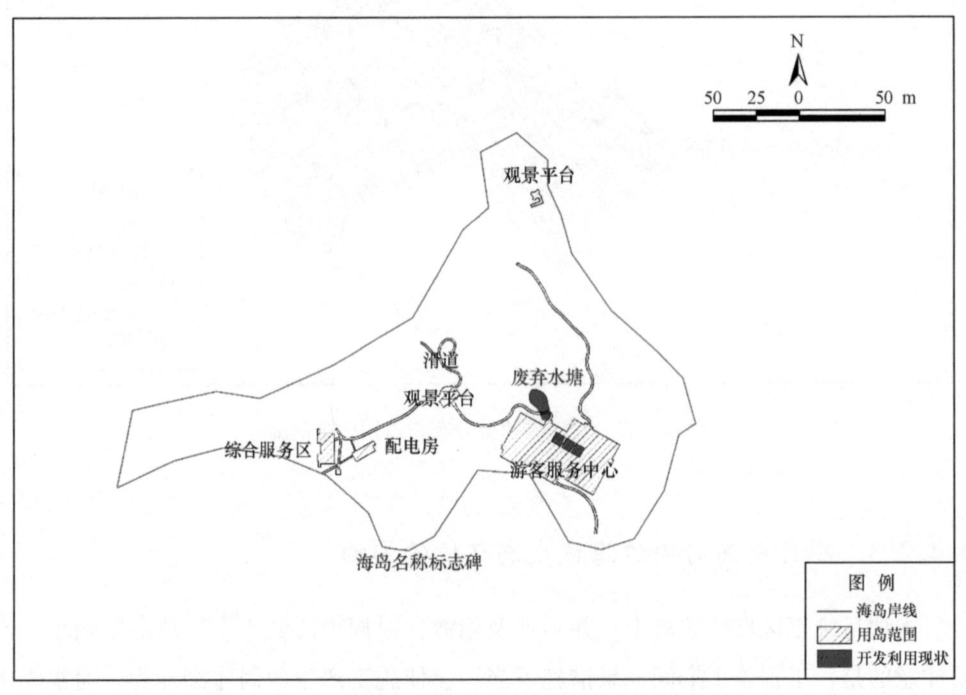

图 9-34 项目与铁沙屿现有开发利用设施的位置关系示意

(1) 对废弃水塘等的影响分析

项目的游客服务中心和观景廊道建设与废弃水塘区域重叠，游客服务中心建设后，将继续保留南侧 3 个水塘作为中水蓄水池使用。观景廊道跨越北侧水塘区，将采用架空方式，北侧水塘将保持现状，不会受到影响。因此，本工程施工建设不会对废弃水塘造成影响。

(2) 对海岛名称标志碑的影响分析

工程区距离海岛名称标志碑距离较远，施工和运营期也会做好对海岛名称标志碑的保护宣传工作。因此，项目施工过程中和建成运营后均不会对海岛名称标志碑造成不良影响。

(3) 对海岛植被的影响分析

强蛟镇峡山村曾于2006年申请并取得铁沙屿的林权证。本项目为局部用岛，将占用少量林权土地，并砍伐少量林木。

(4) 对铁沙屿码头的影响分析

海岛南侧近岸海域建有旅游码头一座，建设时间为2013年，海域使用权人为宁海县宁海湾旅游投资开发有限公司，使用海域面积为0.635 5 hm^2。本工程建设与运营将使用该码头，可能对码头正常使用产生一定影响。

(5) 对白石水道的影响分析

白石水道位于本项目所在海岛南侧海域，本项目工程规模不大，不需要施工船只等大型船只，仅需要使用小型运输船舶。因此，施工期的材料运输船舶不会对海上交通造成影响。

综上所述，除砍伐少量林木，占用少量林权土地外，本工程的实施建设对海岛现有开发利用设施及活动基本没有影响。

本项目主要在岛陆区域施工，建筑材料和后期运营将使用铁沙屿码头，对周边海域其他开发活动没有直接影响。本工程的实施需要依赖运输船舶，对周边海域开发活动的间接影响主要是船舶来往运输建筑材料所造成的噪声影响和可能发生的船舶溢油影响。因此，应进行防范及应急处理，实行“预防为主、平灾结合、常备不懈”的方针，最大限度地减轻事故的危害与损失。同时，要求在施工过程中对所有材料运输船舶的舱底含油废水实行铅封管理，接收上岸处理，不排入施工海域。

9.4.3.2 利益相关者的界定

利益相关者指与项目用岛有直接或间接连带关系并受到项目用岛影响的开发、利用者，界定的利益相关者应该是与用岛项目存在利害关系的个人、企事业单位或其他组织或团体。

通过对本项目周围用岛现状的实地踏勘调查和对项目申请用岛具体情况的详细了解，分析项目用岛对周边开发活动的影响情况，按照利益相关者的界定原则，对本项目用岛的利益相关者进行界定（表 9-28）。

表 9-28 项目用岛利益相关者界定

序号	潜在利益相关者	可能影响内容及影响程度	是否作为利益相关者
1	废弃水塘所有者（强蛟镇人民政府）	因岛上水塘已经废弃，强蛟镇人民政府已经通过公示的方式寻找水塘建设人，未有人认领，已经收归强蛟镇人民政府所有。本项目建设将继续使用废弃水塘作为中水蓄水池	是
2	宁海县自然资源和规划局	本项目在铁沙屿的旅游设施建设工程距离海岛名称标志碑较远，对标志碑无影响	否
3	宁海县港航管理局	白石水道位于本项目所在海岛南侧海域，施工材料运输船舶不会对海上交通造成影响	否
4	铁沙屿码头所有者（宁海湾旅游投资开发有限公司）	本项目施工期间的建筑材料运输和后期运营将直接使用铁沙屿码头	是
5	强蛟镇峡山村	占用少量林权土地，砍伐少量林木	是

依据项目用岛对海岛及周边海域开发活动的影响分析来判断其利益相关者。因此，本项目活动在铁沙屿上的相关利益者主要为宁海湾旅游投资开发有限公司和强蛟镇峡山村，需沟通协调的管理部门为强蛟镇人民政府。

9.4.3.3 相关利益协调分析

（1）林地使用的协调分析

本项目用岛面积为 0.267 4 hm^2，为局部用岛，工程实际占地面积小，建筑物为游客服务中心、综合服务区、配电房、观景廊道、观景平台及滑道等。工程竣工后拟采取植被恢复措施，保证将施工期间对海岛植被的影响降至最低，总体上对海岛植被的影响较小。

但是，工程建设、临时材料堆场布设等将占用少量有林权的土地，工程区还将砍伐少量林木。因此，对强蛟镇峡山村权益有一定的影响，应进行充分沟通协商，并征得宁海县林业管理部门的同意，方可在该区域内开展项目建设。

铁沙屿林地使用已获得林业部门的林地使用审批，与原林权证所有者强蛟镇峡山村签订了林权政策处理协议，对铁沙屿原有林权证进行了调整。换发的新林权证中，林地未包括海岛使用范围。

项目建设单位与当地政府以及宁海县相关管理部门就利益相关者协调问题进行了充分协商，项目建设单位委托地方政府负责实施具体补偿工作。宁海县强蛟镇人民政府与强蛟镇峡山社区股份经济合作社关于铁沙屿旅游基础设施建设的政策处理已达成一致意见，相应的补偿已到位。

项目施工方与强蛟镇峡山社区股份经济合作社经过协调达成一致，同意该项目的建设以及相关植被修复工作，峡山社区股份经济合作社将负责妥善解决在利益相关者处理过程中遇到的问题，为施工提供便利，确保社会和谐稳定以及项目的顺利实施。

（2）码头使用的协调分析

经与码头所有者宁海湾旅游投资开发有限公司协调，其同意海岛开发方在海岛建设及运营期间使用该码头作业。

（3）废弃水塘使用的协调分析

强蛟镇人民政府已经将废弃水塘收归镇政府所有，并且同意后续海岛开发方使用海岛上的废弃水塘。

9.4.3.4 项目用岛对国防安全和国家海洋权益的影响分析

（1）项目用岛对国家海洋权益的影响分析

铁沙屿坐标为北纬29°28.4′，东经121°33.0′，位于宁波市宁海县强蛟镇，距强蛟镇约1.22 km，属于我国内水部分，铁沙屿不是领海基点所在海岛、国防用途海岛，本项目也不涉及国家秘密，项目用岛对国家海洋权益无影响。

（2）项目用岛对国防安全、军事活动的影响分析

铁沙屿上没有军事设施，本项目不占用军事用地，没有占有或破坏军事设施，因此，项目用岛对国防安全、军事活动无影响。

9.4.4 与相关规划、区划符合性分析

9.4.4.1 项目用岛与海岛保护规划的符合性分析

（1）项目用岛与《全国海岛保护规划》的符合性

根据《全国海岛保护规划》，海岛实施分类、分区保护的原则，明确提出“建设象山港湾海岛旅游娱乐区”。铁沙屿属象山港内无居民海岛，按利用类型可划归为旅游娱乐用岛。《全国海岛保护规划》确定了无居民海岛适度利用的原则，关于

旅游娱乐用岛的具体规定如下："倡导生态旅游模式，突出资源的不同特色，注重自然景观与人文景观相协调，各景区景观与整体景观相协调，旅游设施的设计、色彩、建设与周边环境相协调；合理确定海岛旅游容量，落实生态和环境保护要求；严格保护海岛地形、地貌，加强水资源保护和水土保持，提高植被覆盖率；鼓励采用节能环保的新技术。"

根据《象山港强蛟群岛生态型旅游开发铁沙屿开发利用具体方案》，开发方案和海岛保护措施均考虑了全国海岛保护规划无居民海岛分类利用的原则，符合《全国海岛保护规划》提出的海岛保护要求。具体如下：

①项目用岛面积为0.267 4 hm^2，占铁沙屿整岛表面积的7.95%，不到10%。用岛范围内全部为必要的建设空间，集约节约利用海岛空间资源，项目实施基本未改变海岛整体自然形态及地形地貌。

②铁沙屿上无典型生态系统、无珍稀濒危与特有物种。该项目在岛上建设游客服务中心等基本旅游设施，对海岛的生态环境影响主要发生在施工期，施工期结束后将开展植被修复工作，项目实施针对地形地貌、植被资源等也提出了具体保护措施，从而做到最大限度地降低对海岛生态环境的不良影响。

③项目建设区域原为植被景观，项目实施中将保证观景平台、滑道、观景廊道等旅游设施的设计、色彩、建设与周边环境相协调，且建设后将采取植被修复措施，以与原来的海岛景观保持协调。

④铁沙屿开发利用具体方案中，根据海岛旅游容量评估结果，落实了污水和固体废物垃圾处置等相关生态和环境保护要求。

（2）项目用岛与《浙江省海岛保护规划（2017—2022）》的符合性

根据《浙江省海岛保护规划（2017—2022）》，铁沙屿位于"象山港南岛群"，属于一般保护型，其主导功能为"在海岛景观和岸线自然属性保护基础上，适度发展滨海生态旅游和现代农渔业"，其保护和管理要求为"重点保护南沙山岛、凤凰山岛、悬山、中央山岛、铁沙屿等17个海洋生态红线区内海岛。禁止实施可能改变或影响滨海旅游和岸线自然属性的开发建设活动，不得破坏沙滩资源、自然景观和人文景观资源，保持凤凰山滨海旅游区和宁海强蛟滨海旅游区自然景观和人文景观的完整性和原生性。开发建设活动应注重生态环境保护，严格控制旅游和养殖利用的强度，严禁污染物直接排海，保护海岛及周边海域生态环境。加强实施海岸整治和生态修复工程，恢复岸线的自然属性和景观"。

本项目在岛陆区域建设游客服务中心、观景平台等旅游基础设施，占地面积小，对海岛地形地貌、岸滩、植被的影响较小。不涉及海岛岸线占用，不改变或影响岸线自然属性，且在工程建设过程中，注重对海岛生态的保护，对海岛地形地貌、植被等均提出了保护方案，施工期间产生的废水、固体废物将集中收集，利用船只运送至大陆进行统一处理，严禁污染物直接排海，减少对海岛周边海域生态环境的影响。项目用岛符合《浙江省海岛保护规划》的要求。

(3）项目用岛与《宁海县铁沙屿保护和利用规划》的符合性

为促进海岛合理开发、可持续利用，《宁海县铁沙屿保护和利用规划》划定了铁沙屿保护区域及可开发利用区域，并对保护区域和可开发利用区域提出具体的保护和利用要求。《宁海县铁沙屿保护和利用规划》对铁沙屿开发利用活动的要求如下：

铁沙屿可适当进行旅游娱乐等开发。开发活动不得建设对海岛环境有严重影响的项目，开发活动期间要采取对海岛保护的措施，项目在运营期间不得对环境造成危害，利用海岛的单位和个人应承担海岛保护的义务，开发利用项目应采取防灾减灾措施。

本项目用岛区块分布在铁沙屿的开发利用区内，属旅游娱乐用岛。工程建设对海岛环境影响较小，并制定了一系列海岛生态保护方案。本工程主要是建设游客服务中心等旅游基础设施，运营期间不会对生态环境造成危害。项目方将积极配合宁海县自然资源主管部门做好海岛保护的监督检查工作；做好铁沙屿旅游容量评估，限制每日登岛游客数量；对企业员工进行保护海岛的宣传教育，对上岛的工作人员或游客做好海岛保护友情提示工作，增强企业员工和游客的海岛保护意识。因此，本项目用岛与《宁海县铁沙屿保护和利用规划》是相符的。

9.4.4.2 项目用岛与海洋功能区划的符合性分析

铁沙屿周边海域在《浙江省海洋功能区划（2011—2020）》中位于“象山港旅游休闲娱乐区（A5-4）”，属于重点保障的旅游娱乐用海（表9-29）。

本项目建设为旅游娱乐用岛，符合《浙江省海洋功能区划（2011—2020）》对其周边海域的定位。根据《宁海县铁沙屿开发利用具体方案》，项目建设游客服务中心、观景平台等旅游设施，未建设与旅游无关的基础设施，不占用自然岸线，不改变海域自然属性，运营期间生活垃圾等将集中清运出海岛，不影响周边海域环境质量，符合《浙江省海洋功能区划（2011—2020）》的海域使用管理和海洋环境保护要求。

表 9-29 象山港旅游休闲娱乐区相关涉海要求

功能区名称	海域使用管理	海洋环境保护
象山港旅游休闲娱乐区	1. 重点保障旅游娱乐用海，在不影响旅游娱乐基本功能前提下，兼容交通运输用海，在未开放前兼容养殖用海；2. 严格限制改变海域自然属性；3. 保持重要自然景观和人文景观的完整性和原生性；4. 严格限制建设与旅游、渔业无关的永久性建构筑物；5. 合理控制旅游开发强度，科学确定游客容量，使旅游设施建设与生态环境的承载能力相适应；6. 加强渔业资源增殖、保护和海洋牧场建设，适当发展休闲渔业	1. 严格保护象山港水域生态系统，保护区域内景观资源； 2. 不应破坏自然景观，严格控制占用海岸线、沙滩和沿海防护林的建设项目和人工设施，妥善处理生活垃圾，不应对毗邻海洋基本功能区的环境质量产生影响； 3. 海水水质质量执行不劣于第三类，海洋沉积物质量执行不劣于第二类，海洋生物质量执行不劣于第二类

9.4.4.3 项目用岛与其他规划的符合性分析

（1）项目用岛与《象山港区域空间保护和利用规划（2013—2030）》的符合性分析

《象山港区域空间保护和利用规划（2013—2030）》提出象山港区域功能定位为全国海洋生态文明示范区，长三角地区重要的休闲度假港湾，浙江省海洋新兴产业基地，宁波现代化都市的重要功能区。该规划明确了象山港区域全力打造“三廊（带）、六区”的旅游空间格局，大力发展观光旅游、文化体验、康体养生、商务会议等新型业态，推动旅游产业从观光型为主向多元化发展转型，将象山港区域建设成为国家级美丽港湾。其中，“六区”即包括宁海湾度假区，要求充分利用“山、海、岛”资源及良好的山体生态，在强蛟、海岛、大佳何三大片区，推动横山岛群（强蛟群岛）开发，以休闲度假、海岛观光、游艇旅游等功能为主，高起点、高品位建设游艇基地、海景房产、高端酒店、水上娱乐等项目，完善配套基础设施。

铁沙屿的旅游开发，与《象山港区域空间保护和利用规划（2013—2030）》对该区域的定位相一致，项目用岛符合规划。

（2）项目用岛与《宁海县全域旅游发展总体规划》的符合性分析

根据《宁海县全域旅游发展总体规划》，宁海按照“山海联动，城乡缝合，东进西优，全域布局”的总体思路，布局五大旅游板块，主要包括城市文旅生活板块、滨海农渔风光板块、山海休闲运动板块、森林温泉度假板块及山乡古镇养生板块。本项目所在板块为山海休闲运动板块，将在象山港强蛟群岛海域建设“宁海湾滨海旅游度假区”，西侧为西店镇S214省道，以东至大佳何镇S311省道以西的海湾及海岛区域，包括横山岛、马屿、铁沙屿等海岛。拟通过整合西店镇、桥头胡街道、强蛟镇和大佳何镇的海滨、海岸、海岛、海港、海涂、渔村及民俗文化等资源，发挥长三角地区“蓝色海湾，宁静海港”的天然优势，构建“山海一体，岛陆联动”的发展格局。因此，项目用岛符合《宁海县全域旅游发展总体规划》。

（3）项目用岛与《宁海县强蛟镇总体规划》的符合性分析

根据《宁海县强蛟镇总体规划》，强蛟镇产业发展定位为：长三角综合性海岛休闲旅游中心、浙江省工业循环经济示范区、宁海湾区经济发展先行镇。

在第三产业发展方向上，根据强蛟镇旅游资源分布空间特征，以打造“区域性的滨海群岛旅游度假胜地”为目标，以“海湾海岛风光”“渔村风情体验”“滨海休闲娱乐”为重点，在空间上形成“一心三区”的格局。“一心”指旅游服务与集散中心，“三区”指围绕海湾海岛风光、滨海度假等特色打造的三大旅游片区，主要包括海湾海岛观光区、渔村风情体验区、长山岗滨海度假区等。

本项目拟在铁沙屿建设游客服务中心和观景平台等旅游基础设施，以提升强蛟群岛滨海旅游开发水平，项目用岛符合《宁海县强蛟镇总体规划》。

9.4.5 工程建设方案合理性分析

9.4.5.1 占岛区位合理性

本项目主要建设游客服务中心、综合服务区、配电房、观景廊道、观景平台及滑道等旅游基础设施。

游客服务中心主要发挥旅游信息咨询、景区风光展示、旅游商品销售、导游、科普和教育等服务功能，应建在入岛处。本项目游客服务中心选址位于海岛东南侧，距离码头仅30 m，交通运输便利，位置合理。同时，该区域内地势较平坦，场地高程4.2~8 m，高差在4 m以内，东西向长度约60 m，南北向约40 m，南面临海，为口袋形湾口，风平浪静，适宜开展工程建设。该区域现状植被较为稀疏，开发建设对海岛植被破坏较小，场地内留有废弃水池，蓄水量约为600 m^3，水池可为后续施工提供水资源。因此，游客服务中心建设与海岛资源环境相适应（图9-35，图9-36）。

综合服务区主要发挥娱乐休憩、卫生服务、商品零售等服务功能。本项目综合服务区建在海岛西南侧，与游客服务中心遥相呼应，可以为游客提供更好的服务。同时，该区域海拔较低，场地高程为4~5 m，且地势平缓，坡度多在10°以下，距

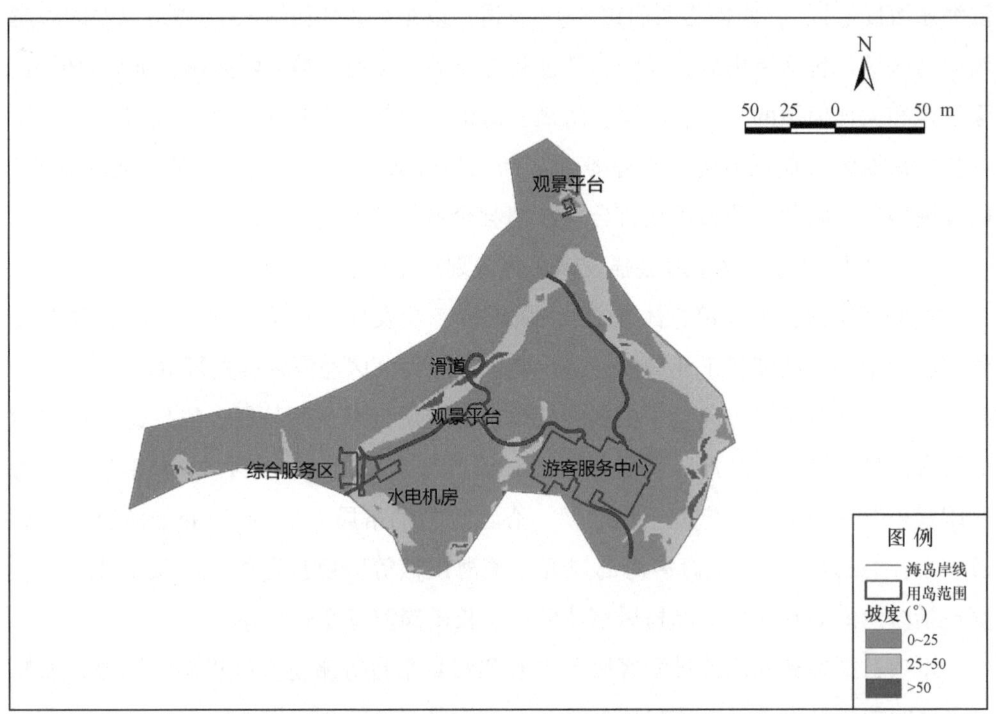

图 9-35 铁沙屿开发范围与坡度

图 9-36 游客服务中心选址场地现状

离码头约200 m，适宜开展工程建设。同时，该区域植被相对稀疏，工程建设对海岛植被影响较小。因此，综合服务区建设与海岛资源环境相适应（图9-37）。

图9-37　综合服务区选址平面示意

观景廊道主要用途为海岛观光游憩、岛屿陆地交通，连接码头、游客服务中心、沙滩、观景平台、滑道各个旅游节点，贯穿岛屿交通，选址基本依托于岛上原有道路基址，顺其自然，顺坡就弯，可以最大限度地减少对海岛地形与植被的破坏。因此，观景廊道建设与海岛资源环境相适应（图9-38）。

观景平台主要供海岛观光、游客休憩，适宜建设在海拔较高、视野开阔的区域。拟于海岛西侧与北侧建设两个观景平台。1号观景平台选址位于岛屿制高点，海拔16.55 m，区域内较为平缓，视野开阔，风景优美，可登顶远眺整个宁海湾群岛。2号观景平台选址位于铁沙屿北侧礁石，景观视线优越，远处岛屿星罗棋布，视线开阔。此外，观景平台选址现状主要为草丛，工程建设对海岛植被的破坏较小（图9-39）。因此，观景平台建设与海岛资源环境相适应。

滑道主要连接陆域与水域，营造滑行体验，应选址于海拔较高、有一定坡度的区域。本项目滑道选址起点位于观景平台处（铁沙屿海拔最高点），终点位于北部淤泥质滩涂，长度约70 m，落差16 m，可以带给游客较好的滑行体验。因此，滑道建设与海岛资源环境是适宜的（图9-40）。

配电房选址主要考虑未来铁沙屿海底输水输电管道和电缆将由海岛西侧登陆，

图 9-38　观景廊道选址平面示意及现状

1 号观景平台现状

2 号观景平台现状

图 9-39　观景平台选址现状

故将配电房设置于规划的海底管道和电缆登陆点附近。

因此，综合考虑项目建设内容的功能、现有海岛开发利用现状、当前海岛地形地貌和资源环境等要素，本项目占岛区位是合理的。

图 9-40　滑道终点选址现状

9.4.5.2　用岛方式合理性

根据财政部、国家海洋局共同发布的《关于印发〈调整海域 无居民海岛使用金征收标准〉的通知》（财综〔2018〕15 号）要求，根据用岛活动对海岛自然岸线、表面积、岛体和植被等的改变程度，将无居民海岛用岛方式划分为六种，分别是原生利用式、轻度利用式、中度利用式、重度利用式、极度利用式和填海连岛与造成岛体消失的用岛。其中，轻度利用式为造成海岛自然岸线、表面积、岛体和植被等要素发生改变，且变化率最高的指标符合以下任一条件的用岛行为：

①改变海岛自然岸线属性不大于 10%；

②改变海岛表面积不大于 10%；

③改变海岛岛体体积不大于 10%；

④破坏海岛植被不大于 10%。

本项目上述四项指标分别为：

①不改变海岛自然岸线的长度；

②占地面积小，改变海岛表面积约 7.95%；

③没有大的土石开采工程，土石方开挖量仅占海岛体积约 1.35%，且基础完工以后，土方回填使用，能够达到土石方平衡，项目总体改变海岛岛体体积比例将远

低于 1.35%。

④项目用岛破坏植被面积约 0.227 6 hm^2，铁沙屿植被总表面积 2.518 3 hm^2，破坏植被约占植被总表面积的 9.04%，且工程竣工后还将开展植被修复措施。

这四项指标均小于 10%，因此，本项目用岛方式属于轻度利用式，基本不改变海岛地形地貌。对观景平台及滑道等架空建设设施采取相应措施恢复原有地表植被，体现生态设计理念，尽量保持海岛生态景观的原貌，有利于保持海岛基本属性，保护海岛生态系统，最大限度地降低了对海岛及周边海域生态环境的影响。因此，项目用岛方式合理。

9.4.5.3 平面布置合理性

（1）平面布置体现了集约、节约用岛的原则

本项目充分考虑了铁沙屿在象山港强蛟群岛生态型旅游开发中的功能定位与地位，平面布置经过了多次的比选与优化，将观景廊道的长度由 500 m 减少为 303 m，将观景廊道的宽度由 1.8 m 减少为 1.2 m。通过合理分析滑道位置及坡段关系，在保持高差不变化的前提下，将滑道长度由 94.5 m 缩减为 70.4 m。在评估铁沙屿旅游容量的基础上，同步缩减了游客服务中心和综合服务区的规模，分别由 2 441 m^2 缩减为 1 714 m^2，由 225 m^2 缩减为 160 m^2，海岛中间观景平台由 186 m^2 缩减为 92 m^2，整体将用岛面积由原来的 12.1%优化为当前的 7.95%，减少用岛面积约 1 434 m^2，海岛使用方式由中度利用式转变为轻度利用式。同时，项目开发过程中，充分利用已有开发设施，继续使用海岛上已经建设的 3 个废弃水池作为中心蓄水池（图 9-41，图 9-42）。

通过上述采取措施，减少了项目用岛面积，避免了建筑体量过大对岛体风貌和植被的破坏。本项目平面布置充分体现了集约、节约用岛的原则。

（2）平面布置满足海岸线保护要求，不会对岸线产生不利影响

本项目建筑物和设施均不占用岸线，所建游客服务中心、综合服务区等设施均与离岸线有一定的距离，符合《宁海县铁沙屿保护和利用规划》中提出的“在铁沙屿上建筑物和设施等仅允许建在开发利用区，且应与海岸线保持适当距离，避免占用自然岸线”的相关要求。因此，本项目建筑物和设施建设不会对岸线产生不利影响。

（3）平面布置满足旅游产业等平面设计规范要求，体现了科学设计理念

本项目的游客服务中心、观景平台等建筑和设施平面布置依照《旅游景区游客中心设置与服务规范》（GB/T 31383—2015）和《海岛及滨海型城市旅游设施基本

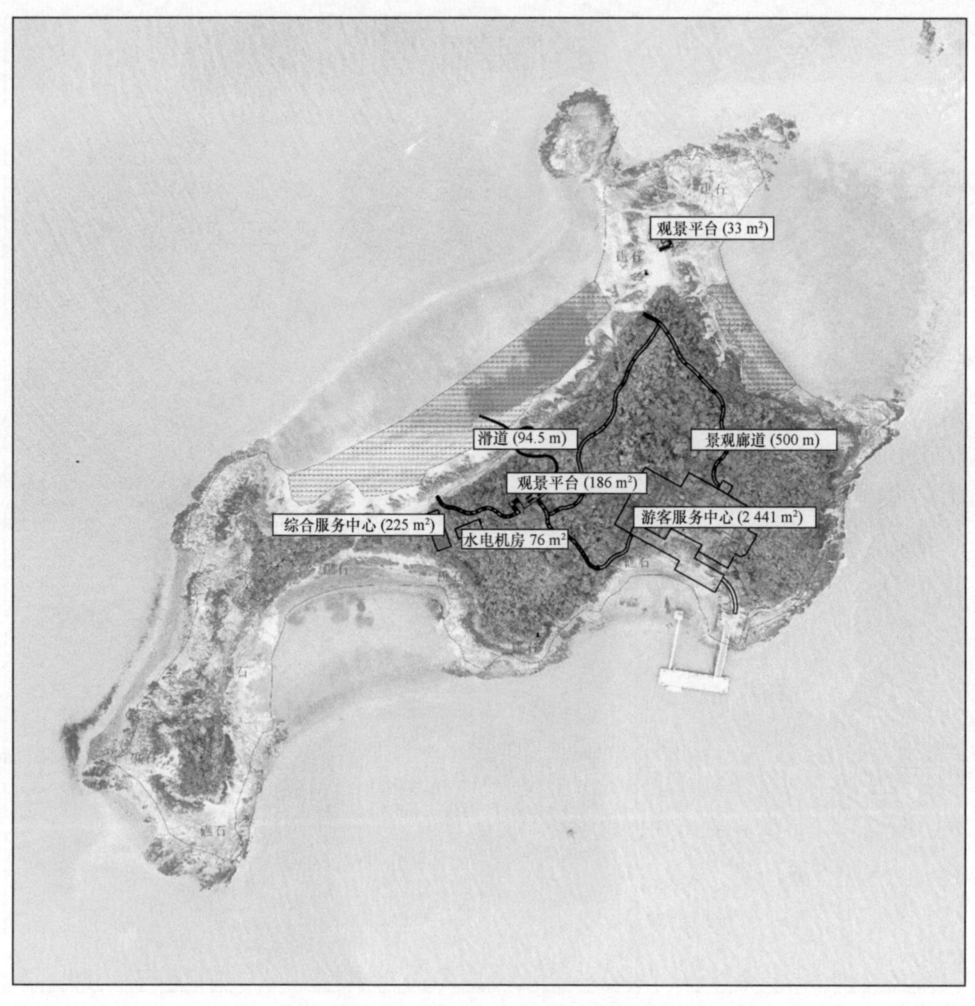

图 9-41　原先的项目方案平面布置

要求》（GB/T 33538—2017）等旅游产业相关标准规范设计，充分体现了科学设计的理念。

（4）平面布置与周围植被及海岛整体风貌相协调，体现了生态设计理念

铁沙屿植被较为茂盛，盖度较高，植被景观资源相对丰富。本项目建设避开了植被较为茂盛的区域，主要涉及占用的植被类型为落叶灌丛和草丛等类型，约占整岛植被面积的 9.04%，且工程施工结束后，还将采取一定措施进行生态修复，整体上对海岛植被生态系统破坏小。

本项目建筑实施布局、朝向等有利于自然采光和通风，采用适宜的建筑技术和环保节能的建筑材料，能够达到降低建筑能源消耗的目的。此外，本项目建筑物设施为一层或二层结构，无高层建筑，建筑布局依地势而建，避免了体量过大的建筑

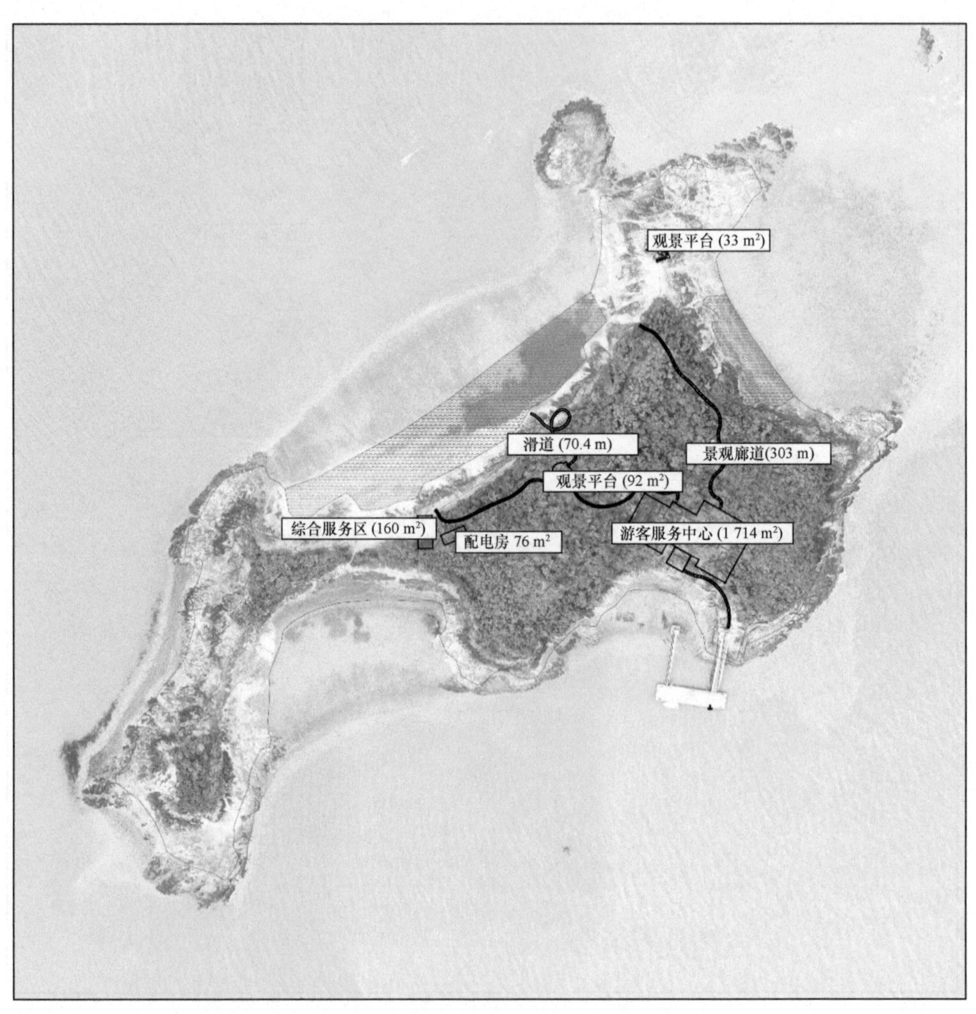

图 9-42　优化后的项目方案平面布置

造型，减少了对海岛生态的破坏。建筑造型以简洁的风格为主，建筑外立面采用仿生材料处理，屋面具有海岛特色且考虑了防台抗风的要求。建筑设施整体布局以及结构形式与海岛整体风貌、周围植被和景观较为协调。本项目平面布置充分体现了生态型的原则。

综上所述，本项目平面布置体现了集约、节约用岛原则，满足海岸线保护相关要求，不会对岸线产生不利影响，满足旅游产业的平面设计规范要求，体现了科学、生态设计理念，与海岛整体风貌、周围植被和景观相协调，平面布置合理。

9.4.5.4　项目建筑物高度合理性分析

本项目除观景平台位于海岛制高点外，剩余旅游设施中以游客服务中心高度最高。拟建游客服务中心位于码头登陆点附近区域，朝向码头方向为海域，其余三面均被现有山体环绕，周边山体高程高点为 11. 4~16. 75 m。游客服务中心建筑为二层(局部为三层)，采用坡屋面形式，二层檐口高程 12. 9 m，三层檐口高程 16. 5 m，屋顶制高点高程为 19. 5 m。岛上植被长势良好，部分乔木高度达到 6~9 m，因此从整体上看，游客服务中心建筑高度未超过岛上植被高度，有效地保证了铁沙屿的天际线协调统一（图 9-43）。

因此，本项目旅游设施建设与海岛岛体高程相协调，建筑物高度合理。

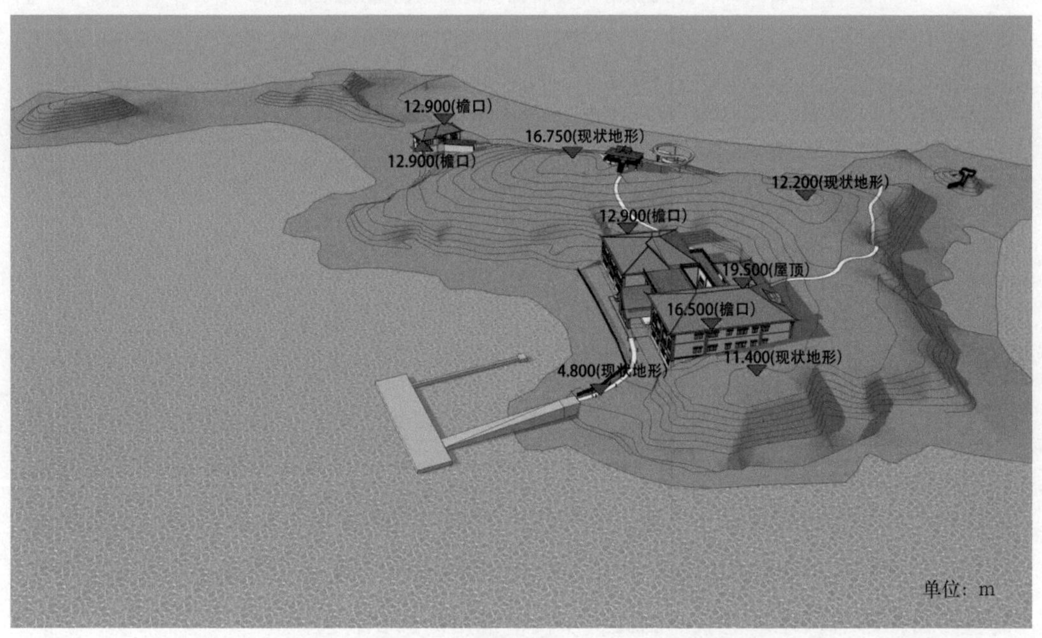

图 9-43　本项目旅游设施高度与海岛高程对比示意

9. 4. 5. 5　用岛面积合理性

本项目用于旅游基础设施建设，属局部用岛。根据旅游开发活动的要求确定建设规模，铁沙屿游客服务中心、综合服务区、观景平台、观景廊道等符合《旅游景区游客中心设置与服务规范》（GB/T 31383—2015）和《海岛及滨海型城市旅游设施基本要求》（GB/T 33538—2017）等旅游产业相关标准规范，占地面积合理。

同时，用岛具体方案中根据海岛沙滩、礁石及游步道等主要旅游资源容量核算得出环境日游客最大容量为 1 146 人，并利用铁沙屿环境日游客最大容量估算了旅游配套设施规模。以主要建筑游客服务中心的规模为基准，游客人均占用面积为 10 m^2，在一天内的周转率按 4 次计算，计算得出游客服务中心的可接待游客面积应为 2 865 m^2，再根据使用面积系数（即可接待游客面积不超过游客服务中心总面积的 85%）计算，游客服务中心的建筑面积最大不超过 3 400 m^2。考虑到游客服务中心整体两层、局部三层的结构，其占用海岛面积 1 743 m^2是合理的。其他旅游设施如综合服务区、观景平台和滑道等则根据游客服务中心的规模进行配套设计（表 9-30）。结合综合服务区、观景平台和滑道的高度，其用岛面积分别为 166 m^2、127 m^2和 74 m^2是合理的。

表 9-30　主要旅游配套设施、游客接待量及用岛面积

编号	旅游配套设施名称	可接待游客面积/m^2	人均占用面积/m^2	周转率/次	接待人数/人	用岛面积/m^2
1	游客服务中心	2 865	10	4	1 146	1 743
2	综合服务区	180	5	8	288	166
3	观景平台	90	3	30	900	127
4	滑道	70	70	120	120	74

项目用岛面积为 0.267 4 hm^2，约占整岛表面积的 7.95%，数据量算符合《无居民海岛开发利用测量规范》（HY/T 250—2018）的要求，面积量算合理。工程占岛面积小，尽量少破坏岛体、植被，工程竣工后将开展植被修复，保持海岛生态景观原貌，实现开发和保护相协调，符合节约集约利用的原则，项目实施基本不改变海岛整体自然形态及地形地貌。因此，项目申请用岛面积合理。

9.4.5.6　用岛年限的合理性

根据《国家海洋局关于印发〈无居民海岛开发利用审批办法〉的通知》第十九条规定："无居民海岛使用最高期限，参照海域使用权的有关规定执行。"

根据《中华人民共和国海域使用管理法》第二十五条规定："海域使用权最高期限，按照下列用途确定：（一）养殖用海十五年；（二）拆船用海二十年；（三）旅游、娱乐用海二十五年；（四）盐业、矿业用海三十年；（五）公益事业用海四十年；（六）港口、修造船厂等建设工程用海五十年。"

《浙江省自然资源厅关于加强无居民海岛开发利用申请审批管理工作的通知》（浙自然资规〔2018〕3 号）中也指出："无居民海岛使用权最高期限，按照下列用途确定：1. 养殖用岛 15 年；2. 拆船用岛 20 年；3. 旅游、娱乐用岛 25 年；4. 盐业、矿业用岛 30 年；5. 公益事业用岛 40 年；6. 港口、修造船厂等建设工程用岛

50 年。国家另有规定的，从其规定。”

鉴于上述依据，本项目建设内容主要为旅游基础设施，属于旅游、娱乐用岛，因此项目用岛最高期限为 25 年，项目用岛年限合理。此外，用岛期限结束后如仍需用岛，应办理相关续用手续。

9.4.5.7 施工方式和生产工艺的合理性

(1) 施工方式合理性

①建筑物施工方式合理性。

本项目建筑物主要包括游客服务中心、综合服务区和配电房等。建筑物建设将采用现浇混凝土框架结构。采用现浇混凝土框架时，结构的整体性、刚度较好，建筑空间分隔灵活，自重轻，能达到较好的抗震效果，容易将梁或柱浇注成各种需要的截面形状。此外，框架结构的梁、柱构件易于标准化、定型化，便于采用装配整体式结构，可以有效缩短施工工期。相较于传统混合结构，利用现浇混凝土框架结构，施工时破坏海岛植被的面积少，对生态环境影响小，更加符合海洋生态文明建设要求。现浇混凝土框架结构，属于新型绿色、循环、低碳生态建筑，完全符合“四节一环保”（即节能、节材、节地、节水、环保）的绿色建筑标准，同时具备人与自然和谐的生态功能。

同时，本项目建筑物以体量较小的 1~2 层小规模建筑为主，其中游客服务中心为两层、局部三层结构，综合服务区为两层结构，配电房为一层结构。建筑物依山而建，充分尊重施工区域的原生地形地貌，避免了体量过大的建筑造型，不仅可以降低工程的挖填土方量，提高经济效益，也可以减少对海岛原有地形地貌的改变，减少对海岛生态系统的扰动。建筑造型以简洁的风格为主，屋面形式新颖独特，同时考虑了防台抗风的要求，并与海岛整体风貌及周边植被景观相协调。

本项目建筑物所需材料均由大陆运输到海岛上，不开采铁沙屿海岛土石。

综上所述，本项目游客服务中心、综合服务区和配电房等建筑物在施工过程中充分考虑了可能对海岛地形地貌及海岛植被、景观生态产生的影响，并采取了生态型、环境友好型施工工艺，建筑物施工方式合理。

②景观平台施工方式合理性。

本项目拟于海岛西侧与北侧建设两个观景平台，拟采用钢筋混凝土立柱架空结构建设景观平台。景观平台建设主要包括前期准备，搭设打桩平台，桩基施工，桩头开挖、处理，浇筑连系梁、挑梁，木板铺装及栏杆安装等施工流程。

景观平台建设时，可以减少构筑物设施地基建设对海岛地表的大规模开挖，仅需进行打桩处理，施工时破坏植被的面积最小，能有效保护桩基四周的植被，对生态环境影响更小，更加符合海洋生态文明建设要求。因此，本项目景观平台施工方式合理。

③观景廊道施工方式合理性。

观景廊道建设主要包括准备，施工定线，清表，填前碾压，土方挖、运、卸、平，基础垫层和石材铺装等施工流程。

观景廊道选址基本依托于岛上原有的道路基址，顺其自然，顺坡就弯，以减少对海岛与原有地形的破坏。观景廊道施工采取了生态型、环境友好型施工工艺，施工方式合理。

④滑道施工方式合理性。

滑道建设主要包括准备、搭架、打梁口、钢筋、锚固、制模板、布面筋、浇铸混凝土、拆模、护栏、钢管焊接、抹水泥、涂颜色及打锚等施工流程。滑道整体采用钢架架空结构，可以减少构筑物设施地基建设对海岛地表的大规模开挖，仅需进行打桩处理，施工时破坏植被的面积最小，能有效保护桩基四周的植被，对生态环境影响更小。因此，本项目滑道施工方式合理。

（2）生产工艺（运营方式）合理性

项目为旅游娱乐用岛，主要开展海岛旅游活动。铁沙屿海岛旅游活动运营过程中可能产生的生态环境影响主要有污水、固体废弃物和游客对海岛生态环境的扰动等。

《铁沙屿开发利用具体方案》已明确在项目运营过程中，实施具体、可行、有效、环境友好的污水、固体废弃物处理处置措施、海岛地形地貌保护方案和植被保护方案等措施。严格落实《铁沙屿开发利用具体方案》的具体措施后，可以使项目运营对铁沙屿生态资源环境的影响降到最低。

海岛使用权人将积极配合宁海县自然资源主管部门做好海岛保护的监督检查工作，做好铁沙屿旅游容量评估，限制每日登岛游客数量，同时对企业员工进行保护海岛的宣传教育、培训等，对上岛的工作人员或游客做好海岛保护友情提示工作，增强企业员工和游客的海岛保护意识，确保海岛生态系统不会遭到人为破坏。

综上所述，本项目生产工艺（运营方式）科学合理。

9.4.6 生态保护方案有效性分析

9.4.6.1 地形地貌保护方案的有效性

本项目施工建设的游客服务中心、综合服务区和配电房采用独立基础，观景平台和滑道采取立桩架空方式。建筑物和设施基坑土方采取人工开挖，石方开挖采用人工配合凿岩机进行。基坑开挖施工产生的土石方量较少，且拆模后回填土。项目竣工后将进行植被恢复。由于项目占地面积小，不涉及海岛岸线占用，工程建设对海岛整体自然形态及地形地貌影响较小。而由于观景平台及滑道建设区域的岛屿坡度相对较陡，需做好水土保持工作。

本项目制定的水土保持措施，贯穿于项目整个施工期，每个阶段均采取了针对性的措施。为减少施工期对地形地貌的影响，采用合理的开挖和回填工艺，每完成一部分开挖或回填，都需采用夯实、覆盖等有效的水土保持措施，最大限度地提高地面抗侵蚀能力；基坑开挖严禁采取大开挖、大爆破的方式。项目施工期尽量避开雨季，避免施工期遇到大雨、暴雨，造成不必要的水土流失；尽量保护好施工场地及周围地表植被，避免大面积土地裸露；减少施工区地表裸露时间。施工过程中应尽可能避免破坏工程区附近的环境；土方用编织袋收集，用于回填以及后期植被恢复覆土。施工过程中对临时堆料场采取临时防护措施，如采取覆盖、加棚等有效的防护措施，防止水土流失。工程结束后，尽快进行植被恢复，以减少水土流失的发生。

综上所述，工程建设中，针对各个施工节点的具体情况，将采取相应的水土保持措施，合理安排施工进度，水土流失防治措施与主体工程同时实施、同步发挥作用，可使水土流失得到有效预防和控制。以上措施可以使项目对海岛原有地形地貌的影响控制在可接受范围内，能够有效地保护海岛地形地貌，保护方案合理有效。

9.4.6.2 植被保护方案的有效性

首先，为保护海岛植被，项目选址植被较为稀疏处。经现场调查，工程区没有国家或省级珍稀、濒危及有特殊研究价值的植物资源，不会导致特有物种消失等。

其次，尽管本项目占地面积小，对海岛植被的影响较小，但为加强施工期环境管理，尽量减少施工对海岛植被的影响，《铁沙屿开发利用具体方案》中提出了涉及施工各环节的植被保护措施，这些措施可将施工期间对海岛植被的影响降至最低。

再次，施工结束后立即采取植被恢复措施。考虑到生态修复时需注重自然过程在生态修复中的作用，人类干预仅作为一种相对较弱的干扰加载到自然系统之中，帮助系统朝着良性方向发展。因此，本项目生态修复主要利用施工场地前期剥离的表土资源作为修复基质，辅以海岛本土物种，以加速植被恢复。将进行局部植被恢复的区域包括：滑道和观景平台下方岛陆区域和临时材料堆场区域、部分施工便道中被运输材料碾压的植被区域。本工程的植被恢复工作主要针对工程建设区以及上述区域中受工程影响而造成土壤裸露的区域进行。生态修复步骤包括表土回填、植被栽种以及保水措施。

以上措施技术条件成熟，可有效恢复海岛原有生态景观，是保护海岛植被的有效措施。

9.4.6.3 废水处理措施的有效性

本项目施工期产生的废水主要是施工过程中产生的少量施工废水（泥浆废水、废弃机油、润滑油等）及施工人员产生的生活污水。其中，废弃机油、润滑油等以及少量施工废水将利用废液桶进行集中收集，并利用船只运送至大陆交由有处理资质的单位进行统一处理；泥浆废水经沉淀后回收用于洒水除尘；施工单位设置生活污水收集设施，收集后运至污水处理厂处理。

本项目运营期出现的废水主要为工作人员和游客产生的生活污水。生活污水经暗管收集，纳入本工程污水处理设施，经处理后达到《城市污水再生利用 城市杂用水水质》（GB 18920—2020）标准要求后，用于冲厕、绿化、景观的补充等杂用。据测算，铁沙屿日产生污水量约为 74.987 m^3，而地埋式污水处理站日处理量预计为 75 t，完全满足铁沙屿日常污水处理需求。

9.4.6.4 固体废弃物处置措施的有效性

本项目施工期固体废弃物的来源主要是施工人员的生活垃圾、废弃土石方和建筑垃圾。施工挖掘产生的土方进行回填使用，施工过程中产生的渣土，应按照有关规定外运出岛后进行处理处置。

本项目运营期的固体废弃物主要为管理工作人员、游客等产生的生活垃圾，对生活垃圾实行袋装分类收集，集中收集到垃圾处理设施中，并外运出岛进行规范处理。同时加强岛上垃圾收集点（桶）的污染防治措施，垃圾收集点（桶）要采用封闭式设计，垃圾要全部入桶，保持场地清洁卫生，防止蚊蝇滋生。

因此，本项目施工期和运营期产生的各类固体废弃物均能得到妥善处置，避免二次污染的产生。且铁沙屿距离大陆较近，外运出岛方便实施。因此，项目产生的固体废弃物对环境的影响很小，处理措施可行。

9.4.6.5 其他污染物处置措施的有效性

本工程施工期和运营期的污染物主要为废水和固体废弃物，此外还会产生少量噪声污染和扬尘等其他污染物。

噪声污染主要体现在施工期，为非持续性噪声，对周围的声环境影响不大。铁沙屿为无居民海岛，但其距离大陆较近。施工过程中，施工单位严格执行《建筑施工场界环境噪声排放标准》（GB 12523—2011）的有关规定，避免施工扰民事件的发生。施工单位通过合理安排施工作业时间，通过控制同时作业的高噪声施工机械数量后，可以有效降低噪声的影响范围和程度。

扬尘污染主要产生于项目施工期，在项目施工时，对作业面和土堆适当喷水，使其保持一定的湿度，以减少扬尘量；施工区开挖的土石及时按要求处理，以防长期堆放表面干燥而起尘；混凝土进行现场搅拌砂浆时，尽量做到不洒、不漏、不剩、不倒；混凝土搅拌时将有喷雾降尘措施；当风速过大时，停止施工作业，并对混凝土等建筑材料采取遮盖措施，减少施工扬尘对周围环境的影响。

因此，本项目在施工阶段制定的噪声和扬尘污染处理措施切实可行。

9.4.6.6 其他保护措施的有效性

本项目其他保护措施包括节能环保措施、溢油事故防范措施以及灾害防范措施。

节能环保措施有效，可提高能源利用率。本项目在建筑布局和结构设计上充分利用自然光和自然通风，选用具有抗蚀、抗震、隔热、可循环使用等特性的建筑材料，房屋等建筑采用钢筋混凝土架空结构，保证了节能环保。采用先进的节水设施、节能的照明和设备等，提高能源利用率。

溢油事故防范措施具体、有效。溢油防范从施工船舶维护、进出管理、船舶驾驶员要求、溢油应急计划以及和海事部门的沟通等方面制定了具体措施，可有效减少运输船舶溢油事故发生及溢油环境风险。

灾害防范措施有效、全面。从台风、地质灾害和森林火灾防范三个方面提出了具体措施要求并且予以落实：有台风预警及施工期疏散制度；制订地质灾害防治管理措施；合理设置森林火灾消防设施等，进行消防宣传与消防培训等。

综上所述，本项目节能环保措施，海上溢油事故防范措施，台风、地质灾害和森林火灾防范等措施切实可行。

9.5 对铁沙屿开发利用相关问题的思考

《海岛保护法》的实施标志着我国海岛管理工作正式进入法制化和规范化的阶段，海岛的保护、开发与管理有了明确的法律依据，同时，我国海洋管理部门也在不断完善无居民海岛开发利用的法规和政策。但通过对铁沙屿开发利用项目的实践案例研究，作者认为我国无居民海岛开发利用还面临着林权历史遗留问题处理、用岛范围没有明确划分依据两个关键问题，这两个问题的解决将更有利于我国无居民海岛开发利用管理的规范化，促进我国无居民海岛治理体系的不断完善。

9.5.1 对林权历史遗留问题处理的思考

林权是多种涉林物权的统称，一般包括林地和林木的所有权、林地和林木的使用权。目前，全国大量无居民海岛存在集体组织持有的林权证或山林所有权证，这些证书大部分是《海岛保护法》实施前地方政府或林业管理部门依据《中华人民共和国土地管理法》和《中华人民共和国森林法》等法律颁发给集体组织的。

9.5.1.1 无居民海岛林权问题的根源及处理难点

（1）法律依据不足

《海岛保护法》没有明确规定无居民海岛林权历史遗留问题的解决方式，而依据《中华人民共和国森林法》（以下简称《森林法》）《中华人民共和国土地管理法》等现行法律存在“重土地轻海岛”的问题，即法律规定基本聚焦于土地，而忽视无居民海岛这种特殊地理实体的存在。

（2）权属矛盾

无居民海岛是属于国家所有的特殊自然资源，海岛上的森林、淡水、土地等资源整体构成无居民海岛，体现了无居民海岛的资源特殊性，并且无居民海岛所有权是唯一的，仅存在国家所有这一种所有制形式，相关学者的研究也证实无居民海岛属于国家所有的合理性与正当性。《森林法》第十四条第一款规定：“森林资源属于国家所有，由法律规定属于集体所有的除外。”根据该条款规定，如果无居民海岛上的集体所有林权是通过正规合法的途径获得的，应予以承认，即集体所有林权是合法的，但这与《海岛保护法》“无居民海岛属于国家所有”的规定互相矛盾。

对依法确定为可利用的无居民海岛实施开发利用活动应当申请获取海岛使用权，而取得海岛使用权的基础应是无居民海岛上所有资源的权属清晰，否则无法实现无居民海岛使用权的排他性、可转让性及合法控制。但是，由于无居民海岛上存在集体所有林权的现实情况，使得海岛使用权和集体林权之间存在权属重叠的可能性。

（3）林地用途管制

无居民海岛属于海洋资源的一部分，与海域紧密相连。无居民海岛作为海洋中的独立地理单元，不能按照单一的土地属性进行管理，应考虑海岛的特殊属性。目前地方国土空间总体规划处于编制中，而依据现有的土地利用总体规划，沿海许多无居民海岛都已纳入土地利用规划，岛上规划有林地这种用地类型并纳入了林地用途管制。

9.5.1.2 无居民海岛林权问题解决对策思考

从无居民海岛保护与利用规划编制到海岛使用权确权登记的整个流程，林权问题贯穿其中。无居民海岛保护和利用规划是海岛保护与发展、开发利用活动准入的重要依据，为无居民海岛林地资源的保护与开发指明方向；无居民海岛开发利用项目的可研报告明确项目建设内容、建设规模、生产工艺和施工工艺等，确定项目占岛的位置和占用林地资源的范围；无居民海岛开发利用具体方案和使用论证报告编制阶段需要获取用岛项目使用林地审核审批同意书、对林权利益相关者进行协调补偿、完成林权证注销或变更处理等。因此，无居民海岛林权问题的处理关键是在这些过程中提出解决对策。

①国家应尽快组织开展相关研究，修订完善《海岛保护法》《森林法》等法律法规及相关配套政策，使无居民海岛的保护和管理有法可依。

②在国土空间规划体系下强化无居民海岛用途管制，开展无居民海岛开发利用项目用岛类型分类研究，确定用岛类型分类体系，明确用岛类型的名称、含义和适用范围。

③无居民海岛保护和利用规划应进一步加强前期编制的科学研究工作，查明无居民海岛林地资源本底情况，明确植被覆盖率等指标要求，对无居民海岛上的珍稀濒危植被提出切实可行的保护方案；应将无居民海岛开发利用适宜性评估作为专题研究纳入无居民海岛保护和利用规划的编制，为建设项目使用林地的可行性提供科学依据；明确无居民海岛的用途，确保林地资源合理利用。

④建立无居民海岛开发利用项目占用林地预审制度，有利于用岛申请人针对林权问题提早谋划，为无居民海岛开发利用项目节约时间成本，为管理部门的后期管理提供便利，缩短海岛使用权获取时间。

⑤建立无居民海岛集体林地征收制度，通过林地资源资产评估明确征收补偿标准，无居民海岛集体林权补偿形式多元化，除一次性金钱补助外，还可发展其他补助方式，如分期付款、土地置换，以降低政府的征收成本。对于经营性无居民海岛开发利用项目，可探索集体所有林地作价入股的项目模式，实现集体组织与用岛申请人利益获取与项目发展的双赢。

⑥建议国家出台相关政策，对无居民海岛的集体林地使用权按照无居民海岛使用权处理，明确用岛类型、用岛方式、用岛年限、海岛使用金征收标准等内容，对

现有林地使用权进行整体变更，将不动产权利类型变为海岛使用权。后续如有开发利用项目需要使用林地，可通过流转方式流转海岛使用权。

⑦自然资源管理部门应完善建设项目使用无居民海岛林地的审核审批流程和管理规定，将无居民海岛作为特殊情况区别对待。

⑧加强无居民海岛开发利用项目全过程监管，建立整合全国无居民海岛林地资源的数据库和管理信息系统。

9.5.2 对用岛范围划定的思考

目前，关于无居民海岛开发利用的规范标准只有《无居民海岛开发利用测量规范》（HY/T 250—2018），该规范适用范围是无居民海岛开发利用的测量活动，仅规定了相关用岛的测量要求，包括对开发利用界址点、用岛面积、建筑物和设施占岛面积、建筑面积和高度等的测量要求。规范中对用岛范围的界定是以“以申请开发利用的范围为界”，但对于如何界定开发利用范围并没有明确的规定。由于用岛范围没有界定规范，同一个用岛项目由不同的技术人员界定可能会得出不同的用岛范围。

用岛范围划定的准确性关系到无居民海岛使用权确权面积的计算和无居民海岛使用金的征收，用岛范围划分的不明确将会导致无居民海岛使用权确权、无居民海岛使用金的征收出现不严谨的情况。由于用岛范围的界定没有明确规范，在划定无居民海岛用岛范围时会出现如下两个问题：一是开发利用是否要纳入无居民海岛用岛确权范围问题，比如电力架空线路、地下管线、可移动设施、海岛山石刻字壁画、使用无居民海岛原有开发现状进行开发利用活动等，上述情况是否要纳入确权范围，需要划定多大范围并不明确；二是用岛范围界限划定问题，比如对房屋、道路等用岛范围是以投影外缘线划定，还是以外扩一定范围划定都不明确。

针对用岛范围的划定，作者进行了深入的思考，认为关键是进行以下流程内容的确定与研究。

（1）无居民海岛可保护对象分析

分析研究无居民海岛上的特有植被、典型生态系统、珍稀濒危与特有物种、水资源、自然岸线的分布情况及主要类型等信息，明确可保护对象的主要界址范围。

（2）无居民海岛开发现状与权属情况核查

分析研究无居民海岛的主要开发现状，核查开发现状的权属情况，明确已有权属的使用权人、用岛类型、用岛面积、坐落位置，核实和确认已有权属的界址点和界址线。

（3）无居民海岛开发利用设施分类

根据无居民海岛开发利用具体方案，对用岛情况进行分析，对开发利用设施进行分类，主要类别可按照建（构）筑物、道路、桥梁、隧道、地下空间、架空线路、通信设施、人工水域、农林牧业、可移动设备等进行划分。

（4）不同类别开发利用设施用岛界址线界定

针对开发利用设施分类情况，逐个明确不同类别的用岛界址线划定依据。不同类别的用岛界址线划定可参考该类别已有的相关规范，并进行相关的科学分析，结合无居民海岛的具体情况综合确定，最后综合所有类别设施的用岛界址线，将重叠区域相融合，确定开发利用项目的用岛界址线范围。该步骤是用岛范围确定的关键，国家有必要组织开展进一步的研究工作。

（5）用岛范围划定

根据无居民海岛可保护对象情况、开发利用现状与权属核查情况、无居民海岛用岛设施用岛界址线确定情况，综合分析确定开发利用项目用岛范围。

在必要的情况下，用岛申请人和相邻用岛使用人就相关的界址点、线在现场共同完成划界核实。

参考文献

陈雯,孙伟,陈江龙, 2017. 我国市县规划体系矛盾解析与“多规合一”路径探究[J]. 地理研究,36(9): 1603-1612.

陈小燕,2020. 城市山地型公园景观评价及优化研究——以福州金鸡山公园为例[D].福州:福建农林大学.

陈芸辉,司月芳,2010. 生态岛建设:国内外生态区域建设实践与启示[J]. 世界地理研究,19(1): 147-156.

党杨,2010. 马克思地租地价理论评述[J]. 现代商业(6):54-55.

杜朝平, 2004. 岛链对中国海军的影响有多大[J]. 舰载武器(5):37-40.

杜燕超, 2008. 鸿恩寺公园景观规划中的生态适宜性分析[D].重庆:西南大学.

符家铭,刘毅华, 2018. 土地生态服务的利益相关者研究进展[J]. 广州大学学报(自然科学版),17(6): 66-73.

傅世锋,陈鹏,吴海燕,等, 2013. 无居民海岛保护和利用规划中的相关难点[J]. 海洋环境科学,32(4): 625-628.

高洋, 2013. 中外海岛管理制度比较研究[D]. 青岛:中国海洋大学.

高奕康,刘旭,林河山,等, 2021. 我国无居民海岛管理现状、问题及建议[J].海洋开发与管理,38(9):32-35.

郭朋军,倪云林,刘志刚,等, 2017. 无居民海岛开发利用中对林权证处理的政策研究[J]. 海洋开发与管理,34(4):93-97.

国家海洋局 908 专项办公室, 2011. 海岛界定技术规程[M].北京:海洋出版社.

国家海洋局海洋发展战略研究所课题组, 2011. 中国海洋发展报告 2011[M]. 北京:海洋出版社.

贺义雄, 2008. 我国海洋资源资产产权及其管理研究[D].青岛:中国海洋大学.

黄梦兰, 2017. 基于生态适宜性分析的三亚热带珍稀花木博览园规划研究[D].长沙:中南林业科技大学.

姬厚德,罗美雪,杨顺良,等, 2016. 无居民海岛保护和利用规划中开发空间的确定方法[J]. 海洋通报,35(1):16-20.

纪盛, 2015. 海洋空间规划中利益相关者均衡机制研究[D]. 青岛:中国海洋大学.

贾建军, 蔡廷禄, 刘毅飞,等, 2019.无居民海岛开发利用与规划——基于生态视角的东海区案例探索[M].北京:科学出版社.

贾生华,陈宏辉, 2002. 利益相关者的界定方法述评[J]. 外国经济与管理,24(5):13-18.

李佳芮,王倩,曹英志, 2020. 以保护为导向的无居民海岛用途管制规划管理研究[J]. 规划师,36(12):20-24.

李玲,应佳明,徐卫红, 2018. 基于 GIS 技术的山地度假别墅选址分析——以云天海度假村为例[J]. 上饶师范学院学报,38(6):61-66.

李巧玲, 2020. 我国无居民海岛开发不足的法律原因及因应——兼论《中华人民共和国海岛保护法》之完善[J]. 福建江夏学院学报,10(4):44-54.

李霞, 林丽丽, 吴元晶,等, 2019. GIS 支持下旅游小镇生态敏感性评价——以福建省湖坑镇为例[J]. 中国城市林业,17(6):63-69.

李晓冬,刘亮,张凤成, 2016. 日本和越南边远海岛管理政策探析[J]. 海洋开发与管理,33(2):67-75.

李晓冬,吴姗姗,章晶,2014. 试析解决我国无居民海岛法前用岛权证管理问题的对策建议[J].海洋开发与管理,31(7):15-20.

李晓冬,张凤成, 彭洪兵, 2018. 试论历史遗留用岛问题[J]. 海洋开发与管理,35(5):20-26.

李杏筠,原峰,鲁亚运, 2019. 关于规范海域海岛价值评估工作及行业发展的若干思考[J].中国标准化(10):194-197.

廖连招, 2007. 无居民海岛保护规划编制与厦门案例研究[J]. 海洋开发与管理,24(4):26-31.

林河山,廖连招, 2010. 从海岛的战略地位谈海岛生态环境保护的必要性[J]. 海洋开发与管理,27(1):5-8.

林家驹, 2020. 福建省旅游娱乐用无居民海岛使用权价格评估研究[D].厦门:厦门大学.

林森,田永中,刘心怡,等, 2013. 基于 GIS 技术的旅游项目选址评价研究——以涪陵区蔺市镇梨香溪为例[J]. 西南农业大学学报(社会科学版),11(1):1-5.

刘春燕,陈文婷,2018. 南海无居民海岛历史遗留产权问题及解决[J].法制博览(7):41.

刘晖,庄军莲,陈宪云. 等, 2013. 广西海岛资源开发利用现状和对策[J]. 广西科学院学报,29(3):181-185.

刘江宜,任文珍,张洁,等, 2021. 基于陆海统筹的海岛生态资产价值评估研究——以广西涠洲岛为例[J].生态经济,37(6):32-37,43.

罗冉, 2012. 旅游用无居民海岛价格评估方法与实证研究[D].杭州:浙江大学.

马得懿, 2011. 无居民海岛国家所有权之考察[J].中国政法大学学报(6):135-144.

马得懿,2012. 无居民海岛属于国家所有的法理分析[J].海洋经济,2(2):27-33.

马翔, 2018. “一带一路”倡议下海岛经济发展模式及管理经验研究[J]. 生态经济,34(3): 103-106.

铭扬工程设计集团有限公司, 2020. 宁海县强蛟镇铁沙屿海岛建设开发设计项目工程可行性研究报告[R].

穆治霖, 2009. 海岛权属制度研究[D].北京:中国政法大学.

甯美妮, 2011. 我国林权制度的历史考察及发展趋势探究[D].重庆:重庆大学.

彭炜敏, 2020. 交通运输用无居民海岛使用权价格评估研究[D].厦门:厦门大学.

齐兵,2007. 舟山市主要海岛分类开发研究[D]. 大连:辽宁师范大学.

秦伟山,张义丰, 2013. 国内外海岛经济研究进展[J]. 地理科学进展,32(9): 1401-1412.

全国人民代表大会常务委员会法制工作委员会,2010.中华人民共和国海岛保护法释义[M].北京:法律出版社.

舒军, 2014. 无居民海岛开发利用相关法律问题探析[J]. 法制与经济(2):66-68.

宋维尔, 2015. 基于空间管控机制的浙江省无居民海岛规划研究[D].杭州:浙江大学.

汤坤贤,廖连招,郭莹莹,等, 2012. 我国海岛开发开放政策探讨[J]. 海洋开发与管理(3): 1-6.

涂振顺,杨顺良,姬厚德, 2018. 无居民海岛资源环境承载力多目标规划模型初探[J]. 海洋开发与管理, 35(3): 81-86.

汪幕恒, 1997. 印度尼西亚外资投资政策的演变[J]. 南洋问题研究(4): 55.

王晓慧, 2016. 无居民海岛实物期权估价模式研究[J].国土与自然资源研究(2):70-73.

王晓慧,崔旺来, 2016. 海岛估价理论与实践[M].北京:海洋出版社.

王晓亮,杨裕钦,曾春媛, 2013. 生态环境利益相关者的界定与分类:基于环境外部性视角[J]. 环境科学导刊,32(3): 11-15.

温世扬, 2008. “林权”的物权法解读[J]. 江西社会科学(4):171-176.

文艳,倪国江,闫金玲, 2016. 我国海岛开发与保护的战略思考[J]. 海洋开发与管理,S2:13-18.

吴克宁,赵瑞, 2019. 土壤质地分类及其在我国应用探讨[J]. 土壤学报,56(1): 227-241.

吴月圆,岳彩荣, 2013. 集体林权改革与林权证颁发存在的问题及解决途径[J].安徽农学通报,19(19):95-96.

徐阳,苏兵, 2012. 区位理论的发展沿袭与应用[J].商业时代(33):138-139.

闫潍虹,衣华鹏,程振龙,等, 2016. 基于DEM的烟台市农用土地适宜性评价[J]. 海洋环境科学水土保持通报,36(6):210-215.

杨洁, 2009. 国外海岛旅游的成功经验对我国海岛旅游发展的启示[D]. 大连:辽宁师范大学.

杨文鹤, 2000. 中国海岛[M].北京:海洋出版社.

杨艺, 2012. 基于生态系统管理的我国无居民海岛管理问题研究[D].青岛:中国海洋大学.

幺艳芳,齐连明, 2010.无居民海岛使用权估价可行性及相关问题浅析[J]. 海洋开发与管理,27(5): 1-4.

张海文,李海清, 2006.《联合国海洋法公约》释义集[M].北京:海洋出版社.

张家炜, 2017. 基于 GIS 的旅游区景观规划研究[D].保定:河北农业大学.

张杰, 2023. 改善营商环境激发增长潜力 印尼多举措吸引外资[N]. 人民日报,06-02(15).

张振国,贾铁飞, 2007.基于 DEM 和 RS 的旅游开发生态环境适宜性评价研究——以内蒙古鄂尔多斯市东胜区为例[J]. 干旱区资源与环境(6):63-67.

张志卫,赵锦霞,丰爱平,等, 2015. 基于生态系统的海岛保护与利用规划编制技术研究[J]. 海洋环境科学,34(2):300-306.

赵东娟,齐伟,赵胜亭,等, 2008. 基于 GIS 的山区县域土地利用格局优化研究[J]. 农业工程学报(2):101-106.

周锐,李月辉,胡远满,等, 2009. 基于用地适宜性评价的森林公园景点选址[J]. 生态学杂志,28(2):304-308.

朱洁, 龚语嫣, 刘家沂,等, 2022. 基于可持续发展背景下的海岛城市规划研究——以舟山群岛为例[J]. 海洋开发与管理,39(3):84-93.

朱康对, 2013. 无居民海岛历史遗留产权问题的处置:以温州无居民海岛为例[J].中共浙江省委党校学报,29(3):10-15.

朱晓燕,薛锋刚, 2005. 国外海岛自然保护区立法模式比较研究[J]. 海洋开发与管理(2):36-40.

AGLE B R, MITCHELL R K, SONNENFELD J A, 1999. Who matters to CEOs? An investigation of stakeholders attributes and salience, corporate performance and CEO values[J]. Academy of Management Journal, 42(5): 507-525.

BEKELE K, LINDERS T E, ESCHEN R, et al., 2022. How well do local stakeholders´ perceptions of environmental impacts of an invasive alien plant species relate to ecological data? [J]. Ecological Indicators, 137: 108-748.

COSTANZA R, d'ARGE R, DE GROOT R, et al., 1997. The value of the world's ecosystem services and natural capital [J]. Nature, 387: 253-260.

DENG YC. 2020. Legislation, challenges and solutions for the "dream of the island owner": review of the application and approval measures on the development and utilization of uninhabited islands in Hainan province[J].Marine Science Bulletin, 22(1):73-89.

FREEMAN R E. 1984. Strategic management: a stakeholder approach[M]. Boston: Pitman Press.

GARDNER J R, RACHLIN R, SWEENY H W A. 1986. Handbook of strategic planning[M]. Chichester: Wiley.

GIORDANO R, PLUCHINOTTAa I, PAGANO A, et al., 2020. Enhancing nature-based solutions acceptance through stakeholders' engagement in co-benefits identification and trade-offs analysis[J]. Science of the Total Environment, 713: 136552.

KWON Y J, KIM H J, YOO S H. 2018. Assessment of the conservation value of Munseom area in jeju island, South Korea. [J] The international Journal of Sustainable Development and World Ecology, 25 (8):738-745.

LOTH A F, NEWTON A C. 2018. Rewilding as a restoration strategy for lowland agricultural landscapes: Stakeholder-assisted multi-criteria analysis in Dorset, UK[J]. Journal for Nature Conservation, 46: 110-120.

MIKKELSEN E, SRDAHL P B, SOLS A M. 2022. Transparent and consistent? Aquaculture impact assessments and trade - offs in coastal zone planning in Norway [J]. Ocean & Coastal Management, 225: 106150.

POMEROY R S, RIVERA-GUIEB R, 2005. Fishery co-management: A practical handbook [M]. Wallingford: CABI Publishing.

后 记

无居民海岛作为海洋资源的重要组成部分，具有重要的生态、经济和社会价值。在本书写作过程中，作者逐渐认识到无居民海岛开发利用政策与实践的重要性。通过本书，我们希望向读者介绍无居民海岛的概念、特点和价值，以及目前国内无居民海岛的管理和开发利用政策。

在本书撰写过程中，我们得到了许多专家学者和相关人员的支持和帮助。在此，我们要特别感谢以下人士和机构：

（1）自然资源部第二海洋研究所的海岛保护与管理专家王小波（正高级工程师）对本书提出了详细的修改意见和建议，对作者完善本书给予了很多启发和帮助；

（2）本书参考和引用了国内外大量学者的研究成果和标准规范，吸收了同行们的辛勤劳动成果，没有他们的深入研究，本书难以出版，在此也向各位专家学者表示衷心的感谢；

（3）本书的出版机构，对我们的写作给予了大力支持和帮助。

由于无居民海岛开发利用政策与实践是一个复杂而又广泛的领域，本书所涉及的内容只是其中的一部分。我们希望读者在阅读本书的过程中，能够结合自己的专业知识和工作领域，对无居民海岛的开发利用进行更深入的研究和实践。

最后，我们再次感谢您阅读本书，希望您能够通过本书了解到无居民海岛的重要性和价值，为保护和利用无居民海岛作出自己的贡献。